標準 プログラマーズ ライブラリ

C++
クラスと継承
完全制覇

矢沢久雄
Hisao Yazawa

技術評論社

● 本書に登場する製品名などは、一般に各社の登録商標、または商標です。
本文中に™、®マークなどは特に明記しておりません。

● 本書は情報の提供のみを目的としています。本書の運用は、お客様ご自身
の責任と判断によって行ってください。本書に掲載されているサンプルプ
ログラムの実行によって万一損害等が発生した場合でも、筆者および技術
評論社は一切の責任を負いかねます。

はじめに

　本書は、2002 年に初版が発行された『標準プログラマーズライブラリ C++ クラスと継承 完全制覇』をリニューアルしたものです。同書は、2002 年の第 1 刷から 2017 年の第 12 刷まで、10 年を超えるロングセラーになりました。これほどまでの長い期間ずっと支持を得ることができたのは、C++ によるオブジェクト指向プログラミングが理解できずに困っているプログラマが、とても多かったからでしょう。それは、現在でも変わっていません。

　C++ は、C 言語にオブジェクト指向プログラミングのための構文を追加した言語です。C 言語では、変数と関数を使ってプログラムを記述しますが、C++ では、そこにクラスが追加されました。このクラスによって、オブジェクト指向プログラミングが可能になったのです。したがって、クラスを理解することが、オブジェクト指向プログラミングを理解する最大のポイントになります。本書は、徹底的にクラスに重点を置いて、基礎から応用まで丁寧に説明しています。

　本書の対象となる読者は、「C 言語はできるが、C++ ができないプログラマ」、つまり「変数や関数に関する概念や構文はわかるが、クラスに関する概念や構文がわからないプログラマ」です。本書の目的は、C++ を使って、皆さんをオブジェクト指向プログラミングができるプログラマにすることです。皆さんには、C 言語という大きな知識財産があるのですから、それにクラスを追加した C++ をスムーズにマスターできるはずです。そのためのガイドとなるのが本書です。

　難しそうだからと躊躇している人の気持ちも、挫折した人の気持ちも、筆者は自分のこととして十分にわかっています。なぜなら、筆者も、はじめて C 言語から C++ に移行しようとしたときに、挫折しそうになった経験を持っているからです。しかし、C++ もオブジェクト指向プログラミングも、わかってしまえば、それほど難しいことではありません。適切なガイドがあれば、必ずマスターできます。本書を手にされたことは絶好の機会です。C++ によるオブジェクト指向プログラミングをマスターしましょう。

2017 年 11 月吉日

著者　矢沢 久雄

本書の構成と使い方

構成

本書の各章は、C++を使ったオブジェクト指向プログラミングを無理なく確実にマスターできるように、C言語の構造体とポインタの復習、オブジェクト指向プログラミングの絶対的な基礎であるクラスの作り方と使い方、オブジェクト指向プログラミングの三本柱である継承、カプセル化、多態性の意味と活用方法、およびその他のテクニックの順に構成されています。

使い方

本書は、細切れのリファレンスではなく、読みものもしくは実習書として書かれています。筆者から読者の皆さんに語りかける文体になっていますので、第1章から順番に、丁寧にお読みください。

291〜299ページでC++コンパイラの入手方法とコンパイル方法を説明していますので、実際にサンプルプログラムを打ち込んで動作確認されることをお勧めします。プログラミングは、実習を通してのみマスターできるものだからです。ただし、時間のない方のために、すべてのサンプルプログラムと実行結果を掲載していますので、実習を紙上体験することもできます。

各章末には、その章の理解度をチェックする確認問題があります。また、最終章の第10章には、本書で得た知識を使ってプログラムを作る課題を用意しました。

サンプルプログラムについて

本書に掲載しているサンプルプログラムは、技術評論社のWebサイト（https://gihyo.jp/book/2017/978-4-7741-9382-3/support）からダウンロードして入手できます。サンプルプログラムの内容は、特定の処理系に依存しないように注意して作成してありますが、以下の環境でのみ動作確認を行っています。万一サンプルプログラムの実行によって損害等が発生した場合でも、筆者および技術評論社は一切の責任を負いかねますので、あらかじめご了承ください。

OS	Windows 10 Pro
コンパイラ	(1) Visual Studio Community 2017
	(2) MinGW (Minimalist GNU for Windows)

※一部のLinux環境（CentOS 6）でも動作確認を行っています。

各章の概要

本書の流れを次のページに示します。第1章は、C言語の復習です。第6章まで完了したら、オブジェクト指向プログラマとして1つのゴールに到達できたと言えます。第7章以降は、知っておくと便利なさまざまなテクニックの紹介です。

本書の構成と使い方

第1章 クラスの親戚＝構造体
▶ **Keyword** 構造体、メンバ、構造体の代入、構造体の配列、構造体のポインタ

第2章 オブジェクト指向プログラミングとクラスの基本
▶ **Keyword** オブジェクト指向、UML、モデリング、クラス、メンバ変数、メンバ関数

第3章 クラスとオブジェクト
▶ **Keyword** クラスの定義、オブジェクトの作成、メンバ関数の実装、インライン関数、
オブジェクト指向の三本柱、メンバ関数のオーバーロード、多態性、オブジェクトのポインタ

第4章 カプセル化とコンストラクタ
▶ **Keyword** カプセル化、アクセス指定子、メッセージパッシング、コンストラクタ、
コンストラクタのオーバーロード、デストラクタ

第5章 クラスの継承
▶ **Keyword** 継承、基本クラス、派生クラス、アクセス指定子、汎化、イニシャライザ

第6章 メンバ関数のオーバーライドと多態性
▶ **Keyword** オーバーライド、仮想関数、スコープ解決演算子、多態性、純粋仮想関数、抽象クラス

第7章 オブジェクトの作成と破棄
▶ **Keyword** ローカルオブジェクト、グローバルオブジェクト、スコープ、静的オブジェクト、静的メンバ変数

第8章 オブジェクトの動的な作成と破棄
▶ **Keyword** 動的オブジェクト、new演算子、delete演算子、スタック、ヒープ、集約、
メンバオブジェクト、is-a関連、has-a関連、メンバイニシャライザ

第9章 コピーコンストラクタとフレンド関数
▶ **Keyword** コピーコンストラクタ、参照、オブジェクトの代入、フレンド関数、前方参照、thisポインタ

第10章 その他のテクニック
▶ **Keyword** 演算子のオーバーロード、フレンド関数、テンプレートクラス、ダブルディスパッチ、
メッセージパッシング

付録 コンパイラの入手方法、インストール方法、コンパイル方法
▶ **Keyword** Visual Studio Community 2017、MinGW、リンク、パス、環境変数

それでは、始めましょう！

CONTENTS

第 1 章

クラスの親戚＝構造体

1-1　構造体の定義　　14

1-1-1　構造体とは？ …………………………………………………………… 14

1-1-2　構造体のメンバ ………………………………………………………… 15

1-1-3　構造体の用途 …………………………………………………………… 16

1-2　構造体の使い方　　18

1-2-1　構造体は型である ……………………………………………………… 18

1-2-2　メンバの取り扱い ……………………………………………………… 20

1-2-3　構造体どうしの代入 …………………………………………………… 22

1-3　構造体の配列　　24

1-3-1　構造体の配列の用途 …………………………………………………… 24

1-3-2　構造体の配列をメンバにする ………………………………………… 26

1-4　構造体のポインタ　　29

1-4-1　構造体のポインタの宣言 ……………………………………………… 29

1-4-2　アロー演算子の使い方 ………………………………………………… 30

1-5　構造体を引数として渡す　　33

1-5-1　構造体のポインタを引数に渡す ……………………………………… 33

1-5-2　構造体のポインタを戻り値で返す …………………………………… 35

CONTENTS

第 **2** 章

オブジェクト指向プログラミングと
クラスの基本

2-1　モノに注目するとは？ 40

2-1-1　手続き型プログラミングで作成した「じゃんけんゲーム」 40
2-1-2　オブジェクト指向プログラミングで作成した「じゃんけんゲーム」 44

2-2　なぜオブジェクト指向なのか？ 47

2-2-1　オブジェクト指向プログラミングのメリット 47
2-2-2　モデリングの考え方 49

2-3　構造体とクラスの違い 52

2-3-1　メンバ変数とメンバ関数 52
2-3-2　じゃんけんゲームの完全なコード 53

第 **3** 章

クラスとオブジェクト

3-1　クラスの定義 60

3-1-1　クラスを定義する構文 60
3-1-2　メンバ関数の実装 62
3-1-3　インライン関数 64

3-2　クラスの使い方 65

3-2-1　クラスとオブジェクトの違い 65
3-2-2　クラスの定義と実装を分ける場合 68
3-2-3　インライン関数を使った場合 70

| 3-2-4 | クラスの定義と実装を1つのソースコードに書く場合 | 71 |

3-3 メンバ関数のオーバーロード　　73

3-3-1	オブジェクト指向の三本柱	73
3-3-2	メンバ関数のオーバーロードによる多態性	74
3-3-3	オーバーロード活用の2つのパターン	79

3-4 オブジェクトを引数として渡す　　83

| 3-4-1 | オブジェクトの配列とポインタ | 83 |
| 3-4-2 | オブジェクトを引数や戻り値とする関数 | 86 |

第 **4** 章

カプセル化とコンストラクタ

4-1 カプセル化　　92

4-1-1	アクセス指定子の種類と役割	92
4-1-2	カプセル化の目的	96
4-1-3	カプセル化活用の2つのパターン	98

4-2 コンストラクタとデストラクタ　　103

4-2-1	コンストラクタの定義	103
4-2-2	コンストラクタのオーバーロード	106
4-2-3	デストラクタ	109

CONTENTS

第 **5** 章

クラスの継承

5-1　クラスを継承するとは？　　116

5-1-1　継承というクラスの使い方　　116
5-1-2　protectedの機能　　119
5-1-3　継承におけるアクセス指定子の役割　　124

5-2　継承の活用方法　　126

5-2-1　再利用としての継承　　126
5-2-2　汎化と継承　　127

5-3　継承におけるコンストラクタとデストラクタの取り扱い　　134

5-3-1　コンストラクタとデストラクタは継承されない　　134
5-3-2　引数を持つコンストラクタの呼び出し　　136

第 **6** 章

メンバ関数の
オーバーライドと多態性

6-1　メンバ関数のオーバーライド　　144

6-1-1　基本クラスのメンバ関数を派生クラスでオーバーライドする　　144
6-1-2　基本クラスのメンバ関数を呼び出す　　148

6-2　メンバ関数のオーバーライドによる多態性　　151

6-2-1　オブジェクト指向プログラミングの復習　　151
6-2-2　オーバーライドで多態性を実現する　　152
6-2-3　純粋仮想関数と抽象クラス　　162

第 **7** 章

オブジェクトの作成と破棄

7-1 オブジェクトと一般的な変数の類似点   172

7-1-1 ローカルオブジェクトとグローバルオブジェクト   172

7-1-2 静的オブジェクト   179

7-2 静的メンバ変数   184

7-2-1 static キーワードを指定したメンバ変数   184

7-2-2 オブジェクト数をカウントする   189

第 **8** 章

オブジェクトの 動的な作成と破棄

8-1 動的オブジェクト   196

8-1-1 new演算子とdelete演算子の使い方   196

8-1-2 プログラム実行時のメモリの使われ方   203

8-2 集約   207

8-2-1 メンバオブジェクト   207

8-2-2 メンバオブジェクトのコンストラクタとデストラクタ   211

CONTENTS

第 9 章
コピーコンストラクタと
フレンド関数

9-1　コピーコンストラクタ　　222

9-1-1　関数にオブジェクトを渡す場合の問題　　222

9-1-2　コピーコンストラクタによる解決　　230

9-1-3　オブジェクトを代入する場合の問題　　234

9-2　フレンド関数　　240

9-2-1　フレンド関数とは？　　240

9-2-2　フレンド関数の活用方法　　244

9-2-3　thisポインタ　　247

第 10 章
その他のテクニック

10-1　演算子のオーバーロード　　254

10-1-1　代入演算子のオーバーロード　　254

10-1-2　算術演算子のオーバーロード　　260

10-1-3　比較演算子のオーバーロード　　264

10-1-4　フレンド関数を使って演算子をオーバーロードする　　267

10-2　オブジェクト指向プログラミングの2つの技　　271

10-2-1　テンプレートクラス　　271

10-2-2　ダブルディスパッチ　　275

10-3　三目並べゲームを作る　　281

10-3-1　三目並べゲームの仕様　　281

10-3-2　三目並べゲームのプログラム　　283

付録

コンパイラの入手方法、
インストール方法、コンパイル方法

A-1 Visual Studio Community 2017の入手方法とインストール方法　292

A-2 Visual Studio Community 2017を使ったコンパイル方法　293

A-3 MinGWの入手方法とインストール方法　294

A-4 MinGWを使ったコンパイル方法　298

確認問題

第1章	確認問題	37	第7章	確認問題	193
第2章	確認問題	57	第8章	確認問題	219
第3章	確認問題	89	第9章	確認問題	250
第4章	確認問題	113	第10章	確認問題	289
第5章	確認問題	141			
第6章	確認問題	169		確認問題の解答	300

コラム

COLUMN	C言語のキモである構造体とポインタ	38
COLUMN	UMLからオブジェクト指向の考え方を知る	58
COLUMN	オブジェクト指向で最も重要なのは……	90
COLUMN	GoFデザインパターンからオブジェクト指向活用のポイントを知る	114
COLUMN	継承はOCPを実践するものである	142
COLUMN	C++ならではの特徴である多重継承	170
COLUMN	スルドイあなたへ……	194
COLUMN	メモリリークに要注意！	220
COLUMN	便利なstringクラス	251
COLUMN	C++の標準ライブラリのヘッダーファイルに拡張子がない理由	290

第 1 章

クラスの親戚
＝構造体

この章は、すでに皆さんがお持ちのC言語の知識と
C++の知識をつなぐためのものです。ここでは、C
言語の機能である構造体を復習していただきます。
C++をマスターする一番のポイントとなるのは、
クラスを理解することであり、「クラスとは構造体
の発展形である」と考えるとわかりやすいからで
す。クラスの親戚が構造体だと言えます。C++は、
C言語に機能をプラスプラス（追加）したものです
から、C++でも、C言語とまったく同じ構文で構造
体が使えます。

第 1 章　クラスの親戚＝構造体

構造体の定義

▶ 構造体を定義する構文
▶ 構造体の用途

1-1-1　構造体とは？

　構造体（こうぞうたい）とは、ずいぶん難しそうな名称ですね。英語でstructureと呼ぶので、それを直訳して「構造体」という名称になったのです。コンピュータ業界の用語には、このように一見して難解なものが数多くありますが、その正体を知ると「何だ簡単なことじゃないか！」という場合がほとんどです。構造体も簡単なものです。

　構造体とは、複数のデータの「かたまり」に名前を付けたものです。たとえば、企業向けに給与管理システムのプログラムを作るとしましょう。従業員の社員番号、氏名、給与という3つのデータをまとめてEmployeeという名前を付けた構造体は、以下のように定義できます。Employee構造体は、給与管理システムのプログラムで使用されるものだと考えてください。

> **ここが Point**
> 構造体とは、複数のデータのかたまりに名前を付けたものである

```
struct Employee {
  int number;    // 社員番号
  char name[80]; // 氏名
  int salary;    // 給与
};
```

> **ここが Point**
> ブロックとは、{ と } で囲まれたプログラムのかたまりのことである

　C言語もC++も、ブロックを作る言語です。**ブロック**とは、中カッコ、すなわち { と } で囲まれたプログラムのかたまりのことです。関数の定義、if文、for文などでブロックが使われることをご存じだと思いますが、構造体も1つのブロックとして定義されます。

　構造体のブロックは、構造体を表す**struct**というキーワードに続けて任意の

14

構造体名を付け、それ以降を { と } で囲んで定義します。末尾の } の後ろにセミコロン（;）を付けることに注意してください。{ と } で囲まれた中に、データ型とデータ名を記述します。そのための構文は、int型やdouble型といった一般的な変数を宣言する場合と同じで、「データ型 データ名;」となります。個々のデータ名の後ろに、それが何を表しているかを示すコメントを付けるとわかりやすくなります（Fig 1-1）。

Fig 1-1
構造体を定義する構文

```
struct 構造体名 {
    データ型　データ名 ;      // データの説明
    データ型　データ名 ;      // データの説明
    データ型　データ名 ;      // データの説明
};
```

1-1-2　構造体のメンバ

ここが Point

構造体のブロックの中に記述された個々のデータのことをメンバと呼ぶ

構造体のブロックの中に記述された個々のデータのことをメンバと呼びます。**メンバ（member）**とは、構造体の構成要素という意味です。メンバに指定するデータ型は、何でも OK です。

先に示したEmployee構造体には、int型のメンバnumber、char型の配列のメンバname、int型のメンバsalaryがあります。これらのメンバをまとめた名前がEmployeeです。

ここが Point

構造体のメンバのデータ型に、他の構造体を指定することもできる

構造体のメンバのデータ型に、他の構造体を指定することもできます。以下は、Employee構造体をデータ型とした3つのメンバtanaka、sato、suzuki、およびchar型の配列をデータ型としたcompanyNameというメンバを持つ構造体を定義したものです。構造体名は、Companyとしています。

```
struct Company {
    struct Employee tanaka;  // 田中さん
    struct Employee sato;    // 佐藤さん
```

第 1 章　クラスの親戚＝構造体

```
    struct Employee suzuki;  // 鈴木さん
    char companyName[80];    // 企業名
};
```

　Company構造体は、企業全体を表すものだと考えてください。企業には企業名があり、それがcompanyNameというメンバになっています。Employee構造体をデータ型としたメンバtanaka、sato、suzukiは、田中さん、佐藤さん、鈴木さんという3名の従業員を表しています。

1-1-3 　構造体の用途

　構造体は、いったい何の役に立つのでしょうか？ その答えは、もしも構造体を使わなかったらプログラミングがどうなるかを考えてみれば、おのずとわかることでしょう。**プログラムとは、データと命令の集合体です**。C言語やC++を使ったプログラミングでは、命令を**関数**で表し、データを**変数**で表します。すなわち、プログラムとは変数と関数の集合体です。

ここがPoint
プログラムとは、データと命令の集合体である

　これは、とても重要なことですので、繰り返し強調させていただきます。「プログラムとは変数と関数の集合体」です。

　さらにもう1つ重要なことがあります。それは、「**プログラムとは現実世界の業務や遊びなどをコンピュータ上で実現するものである**」ということです。現実世界の業務や遊びの中には、さまざまなデータが存在するので、それを変数に置き換えてプログラミングするわけです。現実世界で存在する手続きは、関数に置き換えてプログラミングします。手続きとは、処理と同じ意味です。

ここがPoint
プログラムとは、現実世界の業務や遊びなどをコンピュータ上で実現するものである

　現実世界には、複数のデータがまとまって存在する場合があります。従業員の社員番号、氏名、給与といったデータは、その好例でしょう。それをプログラムで表現するには、個々のデータを表す単独の変数をバラバラに宣言するより、データのかたまりを表す構造体を使ったほうが絶対に便利なはずです。なぜなら、現実世界のデータのかたまりをそのまま置き換えてプログラミングできるからです（Fig 1-2）。

1-1 構造体の定義

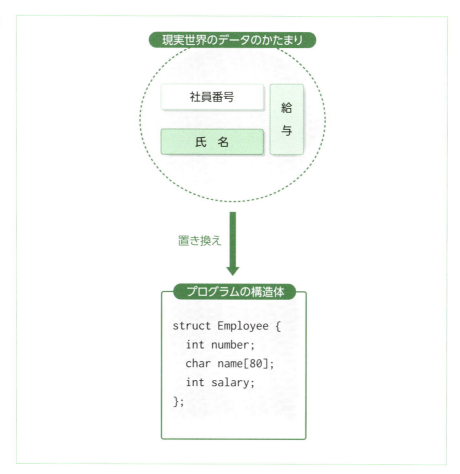

Fig 1-2
構造体は現実世界の
データのかたまりをプロ
グラムに置き換えるもの

1-2 構造体の使い方

- 構造体のメンバを指定する構文
- 他の構造体をメンバとした構造体
- 構造体どうしの代入

1-2-1 構造体は型である

ここが Point
構造体は、型であって実体ではない

　構造体は「型」であって「実体」ではありません。これは、C言語およびC++の約束事です。このように説明すると難しいかもしれませんが、簡単に言えば、struct キーワードのブロックを使って構造体を定義したからといって、すぐに構造体のメンバに値を代入したり、メンバの値を参照したりすることはできないという意味です。構造体を定義することによって得られるのは、新しいデータ型です。**構造体を使うには、構造体をデータ型とした変数を宣言する必要があります**。これによって、構造体のコピーがメモリ上に1つ作成されて、構造体が使えるようになります（Fig 1-3）。

ここが Point
構造体を使うには、構造体をデータ型とした変数を宣言する必要がある

Fig 1-3
構造体をデータ型とした変数を宣言すると実体が得られる

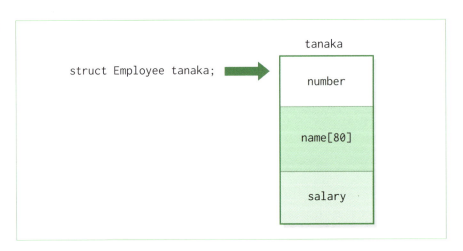

1-2 構造体の使い方

　以下のList 1-1は、Employee構造体を定義し、プログラムのmain()関数の中でEmployee構造体をデータ型とした変数tanakaを宣言して使うものです。これによって、Employee構造体の3つのメンバnumber、name、salaryのコピーがメモリ上に作成されて、それらを代表する名前としてtanakaが付けられます。

　構造体をデータ型とした変数を宣言することで、構造体が使えるようになるわけです。すなわち、構造体を構成する個々のメンバに値を代入したり、メンバの値を参照したりすることが可能になります。ここでは、numberに1234、nameに田中一郎、salaryに200000を代入し、その値を画面に表示しています。

List 1-1
構造体を使う

```cpp
#include <cstring>
#include <iostream>
using namespace std;

// 構造体の定義
struct Employee {
  int number;    // 社員番号
  char name[80]; // 氏名
  int salary;    // 給与
};

// プログラムのメイン関数
int main() {
  // 構造体をデータ型とした変数を宣言する
  struct Employee tanaka;

  // 構造体のメンバに代入を行う
  tanaka.number = 1234;
  strcpy(tanaka.name, "田中一郎");
  tanaka.salary = 200000;

  // 構造体のメンバを表示する
  cout << tanaka.number << "¥n";
  cout << tanaka.name << "¥n";
  cout << tanaka.salary << "¥n";

  return 0;
}
```

List 1-1 の実行結果

```
1234
田中一郎
200000
```

19

第 **1** 章 クラスの親戚＝構造体

1-2-2 メンバの取り扱い

ここが Point

「構造体をデータ型とした変数名.メンバ名」という構文でメンバを使う

ここが Point

構造体の個々のメンバは、一般的なデータ型の変数とまったく同じに取り扱える

構造体はデータのかたまりですが、構造体を使うときには、メンバごとに取り扱うことになります。そのための構文は、tanaka.numberのように「構造体をデータ型とした変数名.メンバ名」となります。

この**ドット (.)** を「〜の」と読み替えるとわかりやすいでしょう。tanaka.numberなら「tanakaのnumber」、すなわち「田中さんの社員番号」というわけです。tanaka.nameなら「田中さんの氏名」で、tanaka.salaryなら「田中さんの給与」です。個々のメンバは、一般的なデータ型の変数とまったく同じに取り扱えます。＝演算子で代入ができ、&演算子でアドレスが取り出せます。＋や－などの算術演算子で、メンバどうしを加算したり減算したりすることもできます。

今度は、他の構造体をメンバとした構造体を使ってみましょう。List 1–2は、Employee構造体とCompany構造体を定義し、main()関数の中でCompany構造体をデータ型とした変数gihyo（gihyo ＝技評は、技術評論社の略称です）を宣言して使うものです。Company構造体のメンバであるEmployee構造体のメンバであるnumberを指定する場合には、gihyo.tanaka.numberのように、ドット (.) を2つ使うことに注目してください。

List 1-2

他の構造体をメンバとした構造体を使う

```cpp
#include <cstring>
#include <iostream>
using namespace std;

// 構造体の定義
struct Employee {
  int number;     // 社員番号
  char name[80]; // 氏名
  int salary;     // 給与
};

// 構造体の定義
struct Company {
  struct Employee tanaka;  // 田中さん
  struct Employee sato;    // 佐藤さん
  struct Employee suzuki;  // 鈴木さん
  char companyName[80];    // 企業名
};
```

1-2　構造体の使い方

```cpp
// プログラムのメイン関数
int main() {
  // 構造体をデータ型とした変数を宣言する
  struct Company gihyo;

  // 構造体のメンバに代入を行う
  gihyo.tanaka.number = 1234;
  strcpy(gihyo.tanaka.name, "田中一郎");
  gihyo.tanaka.salary = 200000;
  gihyo.sato.number = 1235;
  strcpy(gihyo.sato.name, "佐藤次郎");
  gihyo.sato.salary = 250000;
  gihyo.suzuki.number = 1236;
  strcpy(gihyo.suzuki.name, "鈴木三郎");
  gihyo.suzuki.salary = 300000;
  strcpy(gihyo.companyName, "技術評論社");

  // 構造体のメンバを表示する
  cout << gihyo.tanaka.number << "¥n";
  cout << gihyo.tanaka.name << "¥n";
  cout << gihyo.tanaka.salary << "¥n";
  cout << gihyo.sato.number << "¥n";
  cout << gihyo.sato.name << "¥n";
  cout << gihyo.sato.salary << "¥n";
  cout << gihyo.suzuki.number << "¥n";
  cout << gihyo.suzuki.name << "¥n";
  cout << gihyo.suzuki.salary << "¥n";
  cout << gihyo.companyName << "¥n";

  return 0;
}
```

List 1-2 の実行結果

```
1234
田中一郎
200000
1235
佐藤次郎
250000
1236
鈴木三郎
300000
技術評論社
```

第 **1** 章 クラスの親戚＝構造体

1-2-3 構造体どうしの代入

● ここが Point

＝演算子で、構造体のメンバを一括コピーできる

　構造体のメンバは個々に取り扱うものですが、**構造体をデータ型とした変数どうしで＝演算子を使い代入**すると、すべてのメンバを一括コピーできます。もちろん、個々のメンバどうしで代入を行ってもかまいませんが、一括コピーしたほうがプログラムを短く簡単に記述できます。

　List 1-3は、Employee構造体をデータ型とした変数tanakaの個々のメンバにデータを設定し、同じEmployee構造体をデータ型とした変数someoneにtanakaを代入してから、someoneのメンバを画面に表示するものです。

List 1-3

構造体をデータ型とした変数の一括コピー

```cpp
#include <cstring>
#include <iostream>
using namespace std;

// 構造体の定義
struct Employee {
  int number;    // 社員番号
  char name[80]; // 氏名
  int salary;    // 給与
};

// プログラムのメイン関数
int main() {
  // 構造体をデータ型とした変数を宣言する
  struct Employee tanaka, someone;

  // 構造体のメンバに代入を行う
  tanaka.number = 1234;
  strcpy(tanaka.name, "田中一郎");
  tanaka.salary = 200000;

  // 構造体のメンバを一括コピーする
  someone = tanaka;

  // 構造体のメンバを表示する
  cout << someone.number << "\n";
  cout << someone.name << "\n";
  cout << someone.salary << "\n";
```

1-2 構造体の使い方

```
    return 0;
}
```

List 1-3の実行結果

```
1234
田中一郎
200000
```

第 **1** 章　クラスの親戚＝構造体

1-3　構造体の配列

▶ 構造体の配列の使い方
▶ 構造体の配列をメンバにする方法

1-3-1　構造体の配列の用途

!ここが Point

構造体をデータ型とした変数の配列を宣言して使うことができる

int a[10]; や double b[20]; のような一般的なデータ型の変数の配列と同様に、**構造体をデータ型とした変数の配列を宣言して使う**こともできます。この場合も、まずプログラムの冒頭で構造体を定義するブロックを記述してから、**構造体をデータ型とした配列**を宣言することになります。以下は、Employee 構造体をデータ型とした要素数 10 個の配列 person を宣言したものです。

```
struct Employee person[10];
```

構造体をデータ型とした配列を宣言すると、メモリ上に構造体のメンバのコピーが、配列の要素数分だけ作成されます。これを図示すると Fig 1-4 のようになります。構造体というデータのかたまりが、ドカン、ドカンとメモリ上に確保されている様子をイメージしてください。

構造体の配列をディスク上のファイルに保存すれば、データベースを実現できます。配列の個々の要素が、データベースの 1 つのレコードとなります。このことから、構造体のことを**レコード型**と呼ぶ人もいます。

1-3 構造体の配列

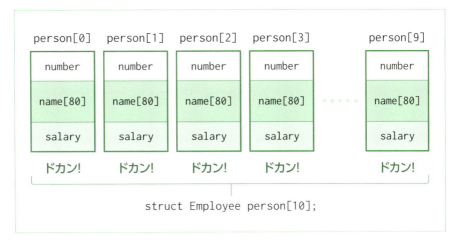

Fig 1-4 構造体の配列のイメージ

構造体をデータ型とした配列は、配列の個々の要素ごとにメンバに値を代入したり、メンバの値を取得したりして使います。

List 1-4は、Employee構造体の配列を宣言し、従業員3名のデータを設定して、それを画面に表示するものです。構造体の配列の個々のメンバは、person[0].numberのようにインデックスの値で要素を指定したうえで、一般的なデータ型の変数と同様に取り扱います。

List 1-4 構造体の配列を使う

```
#include <cstring>
#include <iostream>
using namespace std;

// 構造体の定義
struct Employee {
  int number;    // 社員番号
  char name[80]; // 氏名
  int salary;    // 給与
};

// プログラムのメイン関数
int main() {
  // 構造体をデータ型とした配列を宣言する
  struct Employee person[10];

  // 配列の要素のメンバに代入を行う
  person[0].number = 1234;
  strcpy(person[0].name, "田中一郎");
  person[0].salary = 200000;
```

第 **1** 章 クラスの親戚＝構造体

```
    person[1].number = 1235;
    strcpy(person[1].name, "佐藤次郎");
    person[1].salary = 250000;
    person[2].number = 1236;
    strcpy(person[2].name, "鈴木三郎");
    person[2].salary = 300000;

    // 構造体のメンバを表示する
    for (int i = 0; i < 3; i++) {
      cout << person[i].number << "\n";
      cout << person[i].name << "\n";
      cout << person[i].salary << "\n";
    }

    return 0;
}
```

List 1-4の実行結果

```
1234
田中一郎
200000
1235
佐藤次郎
250000
1236
鈴木三郎
300000
```

1-3-2 構造体の配列をメンバにする

ここがPoint

他の構造体の配列を構造体のメンバにすることもできる

他の構造体の配列を構造体のメンバにすることもできます。すでにお気付きのことと思いますが、15ページで示したCompany構造体は、Employee構造体の配列をメンバとすることで、以下のように簡潔に記述できます。

```
struct Company {
  struct Employee person[3];    // 3人の従業員
  char companyName[80];         // 企業名
};
```

List 1-5は、Employee構造体の配列をメンバとしたCompany構造体を使って、

1-3 構造体の配列

List 1-2を書き直したものです。Employee構造体のメンバが、gihyo.person[0].nameのような構文で取り扱われることに注目してください。これは「技術評論社の0番目の従業員の氏名」と読めるので、現実世界の置き換えと呼ぶのにふさわしいものでしょう。

List 1-5
構造体の配列をメンバとした構造体を使う

```cpp
#include <cstring>
#include <iostream>
using namespace std;

// 構造体の定義
struct Employee {
  int number;     // 社員番号
  char name[80];  // 氏名
  int salary;     // 給与
};

// 構造体の定義
struct Company {
  struct Employee person[3];   // 3人の従業員
  char companyName[80];        // 企業名
};

// プログラムのメイン関数
int main() {
  // 構造体をデータ型とした変数を宣言する
  struct Company gihyo;

  // 構造体のメンバに代入を行う
  gihyo.person[0].number = 1234;
  strcpy(gihyo.person[0].name, "田中一郎");
  gihyo.person[0].salary = 200000;
  gihyo.person[1].number = 1235;
  strcpy(gihyo.person[1].name, "佐藤次郎");
  gihyo.person[1].salary = 250000;
  gihyo.person[2].number = 1236;
  strcpy(gihyo.person[2].name, "鈴木三郎");
  gihyo.person[2].salary = 300000;
  strcpy(gihyo.companyName, "技術評論社");

  // 構造体のメンバを表示する
  for (int i = 0; i < 3; i++) {
    cout << gihyo.person[i].number << "\n";
    cout << gihyo.person[i].name << "\n";
    cout << gihyo.person[i].salary << "\n";
```

第 1 章 クラスの親戚＝構造体

```
    }
    cout << gihyo.companyName << "\n";

    return 0;
}
```

List 1-5の実行結果

```
1234
田中一郎
200000
1235
佐藤次郎
250000
1236
鈴木三郎
300000
技術評論社
```

1-4 構造体のポインタ

1

構造体のポインタ

1-4

▶ 構造体のポインタの宣言と使い方
▶ アロー演算子の使い方

1-4-1 構造体のポインタの宣言

ここまでの説明を読んで、「構造体は複数のデータ型をかたまりとしたデータ型だが、その取り扱い方法は、一般的なデータ型と同じだ」と思っていただけたことでしょう。事実そのとおりです。**ポインタの宣言や取り扱いに関しても、構造体は一般的なデータ型と同様です。**

ここが Point

ポインタの宣言や取り扱いに関しても、構造体は一般的なデータ型と同様である

一般的なデータ型では、int *a や double *b のように**アスタリスク（*）**を付けて**ポインタ**を宣言したり、a = &x; や b = &y; のように**&演算子**で**アドレス**を取り出したりすることができます。これは、構造体の場合でもまったく変わりません。たとえば、Employee 構造体のポインタ p を宣言する構文は、以下のようになります。一般的なデータ型のポインタと同じく、ポインタ p はアドレスを代入する変数であり、**ポインタを宣言した時点では、Employee 構造体の実体がメモリ上に存在していないことに注意してください。**

ここが Point

ポインタを宣言した時点では、構造体の実体がメモリ上に存在していない

```
struct Employee *p;
```

プログラムの他の場所で Employee 構造体をデータ型とした変数、すなわち構造体の実体を宣言すると、そのアドレスを構造体のポインタに代入できます。以下のプログラムでは、構造体の実体 tanaka のアドレスを &演算子で取り出し、それを構造体のポインタ p に代入しています。このときのメモリのイメージを図示すると、次のページの Fig 1-5 のようになります。

```
struct Employee tanaka;
tanaka.number = 1234;
strcpy(tanaka.name, "田中一郎");
```

29

```
tanaka.salary = 200000;
    ：
struct Employee *p;
p = &tanaka;
```

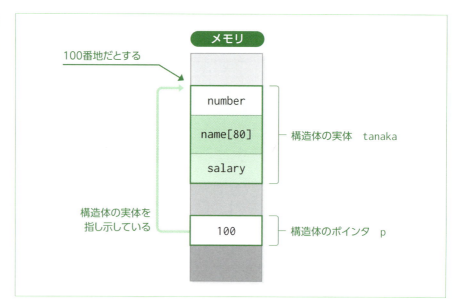

Fig 1-5 構造体の実体と構造体のポインタ

1-4-2 アロー演算子の使い方

　一般的な変数では、ポインタにアスタリスク（*）を付けることで、ポインタが指し示すアドレスに存在するデータを取り出すことができます。たとえば、int *a;と宣言されたint型のポインタaがあり、aに100というアドレスの値が代入されているなら、*aという構文で、メモリの100番地に存在するint型のデータを取り出せます。

　構造体のポインタの場合は、構文がちょっと変わります。**構造体のポインタが指し示すアドレスに存在する個々のメンバを、アロー演算子（->）を使って取り出す**のです。以下は、アロー演算子を使って、Employee構造体のポインタpからnumberというメンバの値を取り出し、それを画面に表示するものです。これまでのドット（.）に代わってアロー演算子が使われていることに注意してくださ

ここがPoint
構造体のポインタは、アロー演算子でメンバを指定する

1-4 構造体のポインタ

い。

```
cout << p->number << "¥n";
```

もちろん、アロー演算子を使って構造体のメンバに値を代入することもできます。以下は、Employee構造体のポインタpが指し示すnumberというメンバに値1234を代入するものです。

```
p->number = 1234;
```

List 1-6は、以上の説明をまとめたものです。まず、Employee構造体の実体tanakaを宣言し、個々のメンバに値を設定しています。次に、Employee構造体のポインタpにtanakaのアドレスを代入し、アロー演算子で個々のメンバの値を取り出して画面に表示しています。

List 1-6
構造体のポインタを使う

```cpp
#include <cstring>
#include <iostream>
using namespace std;

// 構造体の定義
struct Employee {
  int number;    // 社員番号
  char name[80]; // 氏名
  int salary;    // 給与
};

// プログラムのメイン関数
int main() {
  // 構造体の実体を宣言する
  struct Employee tanaka;

  // 構造体のメンバに代入を行う
  tanaka.number = 1234;
  strcpy(tanaka.name, "田中一郎");
  tanaka.salary = 200000;

  // 構造体のポインタを宣言する
  struct Employee *p;

  // 構造体のポインタに構造体の実体のアドレスを代入する
  p = &tanaka;

  // 構造体のポインタを使ってメンバを表示する
```

31

第 **1** 章 クラスの親戚＝構造体

```cpp
    cout << p->number << "\n";
    cout << p->name << "\n";
    cout << p->salary << "\n";

    return 0;
}
```

List 1-6の実行結果

```
1234
田中一郎
200000
```

　List 1-6に示したプログラムは、構造体のポインタの使い方を示すだけのものであり、実用的ではありません。実用的なプログラムでは、構造体のポインタが関数の引数や戻り値として活用されます。これを次節で説明します。

1-5 構造体を引数として渡す

構造体を引数として渡す

1-5

- ▶ 構造体のポインタを引数とした関数の使い方
- ▶ 構造体のポインタを戻り値とした関数の使い方

1-5-1 構造体のポインタを引数に渡す

❶ ここが Point

構造体を関数に渡すには、引数のデータ型を構造体のポインタとする

　構造体の復習の締めくくりとして、**関数の引数**に構造体を渡す方法を説明しましょう。構造体は、複数のデータのかたまりです。**データのかたまりを関数に渡すには、引数のデータ型として構造体のポインタを使います。**データのかたまりを直接的に関数に渡すのは効率が悪いので、ポインタを使ってデータのかたまりのアドレスを渡すのです。アドレスのサイズは、32ビットのコンパイラなら32ビットでありコンパクトです。アドレスを使えば、間接的にデータのかたまりを取り扱えます。

　たとえば、Employee構造体のポインタを引数として受け取り、そのメンバの値を画面に表示するshowEmployee関数のプロトタイプは、以下のようになります。

```
void showEmployee(struct Employee *p);
```

　showEmployee関数を呼び出す側では、データのかたまり、すなわちEmployee構造体をデータ型とした変数を宣言し、以下のように&演算子で変数のアドレスを関数の引数に渡します。

```
struct Employee tanaka;
     ⋮
showEmployee(&tanaka);
```

第 **1** 章 クラスの親戚＝構造体

showEmployee関数の中では、以下のようにアロー演算子（->）を使ってメンバを参照することになります。ここでは、Employee構造体のメンバnameの値を画面に表示しています。

```
cout << p->name << "¥n";
```

List 1-7は、main()関数の中でEmployee構造体をデータ型とした変数tanakaを宣言し、個々のメンバに値を設定してから、tanakaのポインタを引数に与えてshowEmployee関数を呼び出すものです。

List 1-7
構造体のポインタを
引数とした関数を使う

```cpp
#include <cstring>
#include <iostream>
using namespace std;

// 構造体の定義
struct Employee {
  int number;     // 社員番号
  char name[80]; // 氏名
  int salary;     // 給与
};

// 関数のプロトタイプ宣言
void showEmployee(struct Employee *p);

// プログラムのメイン関数
int main() {
  // 構造体の実体を宣言する
  struct Employee tanaka;

  // 構造体のメンバに代入を行う
  tanaka.number = 1234;
  strcpy(tanaka.name, "田中一郎");
  tanaka.salary = 200000;

  // 構造体のポインタを関数の引数に渡す
  showEmployee(&tanaka);

  return 0;
}

// 構造体のポインタを引数とする関数
```

34

1-5 構造体を引数として渡す

```cpp
void showEmployee(struct Employee *p) {
  // 構造体のポインタを使ってメンバを表示する
  cout << p->number << "¥n";
  cout << p->name << "¥n";
  cout << p->salary << "¥n";
}
```

List 1-7 の実行結果

```
1234
田中一郎
200000
```

1-5-2 構造体のポインタを戻り値で返す

❗ ここが Point

構造体を関数から返すには、戻り値のデータ型を構造体のポインタとする

構造体を**関数の戻り値**として返すこともできます。この場合にも、**構造体のポインタを関数の戻り値のデータ型として使います。**関数の戻り値を受け取った側では、アロー演算子を使って構造体のメンバを取り出します。関数の戻り値に構造体のポインタを使うことで、データのかたまりを返すことができるわけです。

List 1-8 は、Employee構造体のポインタを返すgetEmployee関数を作成し、main()関数の中でgetEmployee関数の戻り値を取得し、アロー演算子を使って個々のメンバを画面に表示するものです。getEmployee関数の中で、構造体の実体となる変数tanakaを**static**キーワード付きで宣言しています。これは、static宣言のない**ローカル変数**は関数を抜けた時点で消滅してしまうからです。

List 1-8
構造体のポインタを返す関数を使う

```cpp
#include <cstring>
#include <iostream>
using namespace std;

// 構造体の定義
struct Employee {
  int number;    // 社員番号
  char name[80]; // 氏名
  int salary;    // 給与
};

// 関数のプロトタイプ宣言
struct Employee *getEmployee();
```

第1章　クラスの親戚＝構造体

```cpp
// プログラムのメイン関数
int main() {
  // 構造体のポインタを宣言する
  struct Employee *p;

  // 構造体のポインタを取得する
  p = getEmployee();

  // 構造体のポインタを使ってメンバを表示する
  cout << p->number << "¥n";
  cout << p->name << "¥n";
  cout << p->salary << "¥n";

  return 0;
}

// 構造体のポインタを戻り値とする関数
struct Employee *getEmployee() {
  // 構造体の実体を宣言する
  static struct Employee tanaka;

  // 構造体のメンバに代入を行う
  tanaka.number = 1234;
  strcpy(tanaka.name, "田中一郎");
  tanaka.salary = 200000;

  // 構造体のポインタを返す
  return &tanaka;
}
```

List 1-8の実行結果

```
1234
田中一郎
200000
```

　構造体の復習は、これで終わりです。すでにC言語を十分にマスターされている人なら、どれも当たり前のことと思われたでしょう。

　構造体の機能を発展させて、C++のクラスが作られ、オブジェクト指向全般の基本となっています。はじめてクラスを学ぶ人は、クラスのことをわかりにくい概念だと感じるかもしれません。そんなときには、構造体と比較してクラスを考えれば、がぜん理解しやすくなるはずです。

36

確認問題

Q1 以下の説明に該当する言葉または表記を選択肢から選んでください。

(1) 構造体を定義するキーワード
(2) プログラムの中で、{ と } で囲まれた部分
(3) 構造体の構成要素
(4) 変数のアドレスを取り出す演算子
(5) 構造体のポインタのメンバを指す演算子

> **選択肢**
>
> ア union　　　イ &　　　　ウ ブロック　　　エ スコープ
> オ *　　　　　カ struct　　キ メンバ　　　　ク ->

Q2 以下のプログラムの空欄に適切な語句や演算子を記入してください。

```
// 社員を表すEmployee構造体の定義
[      (1)      ] {
  int number;    // 社員番号
  char name[80]; // 氏名
  int salary;    // 給与
};

// Employee構造体のポインタを引数とする関数
void showEmployee([      (2)      ]) {
  // 構造体のポインタを使ってメンバを表示する
  cout << p [ (3) ] number << "¥n";
  cout << p [ (3) ] name << "¥n";
  cout << p [ (3) ] salary << "¥n";
}
```

解答は **300ページ** にあります。

37

COLUMN

C言語のキモである構造体とポインタ

　本書のコラムでは、皆さんの疲れた頭を癒していただくためにコーヒーブレーク的なお話をさせていただきます。各章の内容に関連して、筆者が思いつく「よもやま話」をつれづれなるままに書いていきます。よろしくお付き合いください。

　この章で取り上げた構造体やポインタで思い出されるのは、筆者の大学時代のことです。当時は、ちょうどC言語が世に出始めたばかりのころで、何だかわからないけどスゴイ言語らしいという興味本位から、研究室の友人たちと一緒にC言語を勉強していました。プログラミング言語の学習手順は、どの言語でも似通ったものです。データ型、演算子、制御構造（for文やif文など）、そして言語として提供されている標準関数を学べば、だいたいのところはOKなはずです。ところがC言語には、構造体とポインタという他の言語にない難解な機能があります。構造体とポインタを理解できずに挫折した人も多くいます。

　筆者の友人にNという男がいました。ある日のこと、Nは「オレはC言語の鬼となる！」と言い出し、C言語の猛勉強を始めました。数日後、Nは1つのプログラムを完成させました。文書を編集しファイルに保存するテキストエディタです。テキストエディタでは、テキストファイルの1行を1つの構造体とし、行のつながりをリスト構造で表します。行の挿入、コピー、削除などが頻繁に行われるので、リスト構造が適しているのです。Nのテキストエディタは、見事に完成していました。皆で「エライぞ！ スゴイぞ！」と言ってほめたたえたのを覚えています。

　C言語では、リスト構造を、構造体のメンバに同じ構造体のポインタを含めるという方法で実現します。このような構造体を「自己参照構造体」と呼びます。たとえば、テキストエディタを実現するための自己参照構造体OneLineは、以下のように定義できます。

```
struct OneLine {
  char line[80];           // 文字列データ
  struct OneLine *previous; // 前の行へのポインタ
  struct OneLine *next;     // 次の行へのポインタ
};
```

　構造体のメンバlineには、文字列データを格納します。previousは、前の行のデータを指すポインタです。nextは、次の行のデータを指すポインタです。previousとnextのデータ型が、OneLineのポインタになっていることに注目してください。これが、自己参照構造体の特徴です。

　自己参照構造体を使ってリスト構造を実現するプログラムを作れば、C言語のキモである構造体とポインタを同時にマスターできます。どのプログラミング言語にも、その言語をマスターした証となるようなプログラムがあるものです。C言語では、自己参照構造体を使ったテキストエディタを作れれば合格でしょう。皆さんは、作ったことがありますか？

第 2 章

オブジェクト指向
プログラミングと
クラスの基本

この章では、オブジェクト指向プログラミングの基本的な考え方と、オブジェクト指向プログラミングの中心的な存在であるクラスの概要を説明します。ご存じのことと思いますが、C++という名称は、C言語に機能を追加したことを意味しています。追加された機能の中で最も重要なのが、クラスを定義して使う構文です。クラスによってオブジェクト指向プログラミングが実現されます。C言語の経験があるプログラマから見れば、C++のクラスは構造体を発展させたものだと考えられるでしょう。クラスに関する構文は、第3章以降で詳しく説明しますので、まずはオブジェクト指向プログラミングとクラスに慣れることから始めます。

第 **2** 章 オブジェクト指向プログラミングとクラスの基本

2-1 モノに注目するとは？

- ▶ オブジェクト指向の基本的な考え方
- ▶ DFDによる処理とデータの流れの表記
- ▶ シーケンス図によるメッセージパッシングの表記

2-1-1 手続き型プログラミングで作成した「じゃんけんゲーム」

オブジェクト指向プログラミングとは、何でしょう？ 英語では、オブジェクト指向プログラミングのことを、**Object Oriented Programming**、または略して**OOP**と呼びます。Objectとは、「モノ」のことです。Orientedとは、「〜に注目した」という意味です。Programmingとは、「プログラムを作成すること」です。すなわち、モノに注目してプログラムを作成することが、オブジェクト指向プログラミングだということになります。オブジェクト指向プログラミングを実現できるプログラミング言語のことを、**オブジェクト指向型プログラミング言語**と呼びます。C++は、オブジェクト指向型プログラミング言語の一種です（Fig 2-1）。

❶ ここが Point

オブジェクト指向プログラミングとは、モノに注目してプログラムを作成することである

Fig 2-1
プログラミング言語の分類

手続き型プログラミングだけを行える言語
・COBOL（1959年）
・C言語（1972年）
など

オブジェクト指向プログラミングを行える言語
・C++（1983年）
・Java（1995年）
・C#（2000年）
など

2-1 モノに注目するとは？

オブジェクト指向プログラミングは、比較的新しいプログラミングスタイルです。オブジェクト指向プログラミングが考案される以前のプログラミングスタイルを**手続き型プログラミング**と呼び、手続き型プログラミングを実現できるプログラミング言語のことを**手続き型プログラミング言語**と呼びます。C言語は、手続き型プログラミング言語の一種です。

手続き型プログラミングと比較することで、オブジェクト指向プログラミングのイメージをつかんでいただきましょう。これから、簡単な「じゃんけんゲーム」を手続き型プログラミングとオブジェクト指向プログラミングのそれぞれで作ってみます。このプログラムは、コンピュータとユーザーがじゃんけんをして、その勝者を判定するものです。

手続き型プログラミング言語であるC言語を使ったプログラムは、List 2-1のようになります。数字の0、1、2をじゃんけんのグー、チョキ、パーに見立て、コンピュータの手を乱数で決めています。

List 2-1
手続き型プログラミング
によるじゃんけんゲーム

```c
#include <stdio.h>
#include <stdlib.h>
#include <time.h>

/* じゃんけんの手を表す定数 */
#define GU 0
#define CHOKI 1
#define PA 2

/* 判定を表す定数 */
#define WIN 0
#define LOSE 1
#define DRAW 2

/* 関数のプロトタイプ宣言 */
int getUserHand();
int getComputerHand();
int doJudge(int user, int computer);
void showJudge(int judge);

/* プログラムのメイン関数 */
int main() {
  int user, computer, judge;

  /* 乱数を初期化する */
  srand(time(NULL));
```

41

第 2 章 オブジェクト指向プログラミングとクラスの基本

```c
  /* ユーザーが手を選択する */
  user = getUserHand();

  /* コンピュータが手を選択する */
  computer= getComputerHand();

  /* 勝敗を判定する */
  judge = doJudge(user, computer);

  /* 判定を表示する */
  showJudge(judge);

  return 0;
}

/* ユーザーの手を返す関数 */
int getUserHand() {
  int hand;

  printf("0：グー、1：チョキ、2：パー\n");
  printf("ユーザーの手＝");
  scanf("%d", &hand);

  return hand;
}

/* コンピュータの手を返す関数 */
int getComputerHand() {
  int hand;

  hand = rand() % 3;
  printf("コンピュータの手＝%d\n", hand);

  return hand;
}

/* 勝敗を判定する関数 */
int doJudge(int user, int computer) {
  int judge;

  if (user == computer) {
    judge = DRAW;
  }
  else if (user == GU && computer == CHOKI ||
           user == CHOKI && computer == PA ||
```

2-1 モノに注目するとは？

```c
        user == PA && computer == GU) {
    judge = WIN;
  }
  else {
    judge = LOSE;
  }

  return judge;
}

/* 勝敗を表示する関数 */
void showJudge(int judge) {
  if (judge == WIN) {
    printf("ユーザーの勝ちです！¥n");
  }
  else if (judge == LOSE) {
    printf("ユーザーの負けです！¥n");
  }
  else if (judge == DRAW) {
    printf("引き分けです！¥n");
  }
}
```

List 2-1の実行結果

```
0：グー、1：チョキ、2：パー
ユーザーの手＝2
コンピュータの手＝0
ユーザーの勝ちです！
```

● ここが Point

手続き型プログラミングでは、処理（関数）を順番に羅列していく

　皆さんは、無意識のうちに手続き型プログラミングをマスターし、十分に慣れ親しんでいるはずです。**手続き型プログラミングでは、まずこの処理、次にこの処理、……、最後にこの処理というように処理の流れを考え、処理を順番に羅列していきます。**この処理のまとまりを「手続き」とも呼ぶわけです。そして、処理と処理の間で、データが受け渡されていきます。

　C言語では処理のまとまりを関数で記述するので、手続き型プログラミングはさまざまな関数を羅列するものとなります。このようなプログラミングスタイルのための設計図は、次のページのFig 2-2に示した**DFD（Data Flow Diagram）**で記述できます。これは、main()関数の中にある処理のまとまりとデータの流れを表したものであり、getUserHand()、getComputerHand()、doJudge()、showJudge()という関数が順番に実行され、引数と戻り値でデータが受け渡されていくことに対応しています。

43

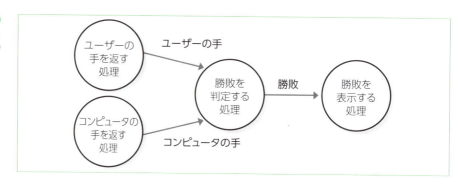

Fig 2-2
処理のまとまりとデータの流れを表すDFD

2-1-2 オブジェクト指向プログラミングで作成した「じゃんけんゲーム」

今度は、オブジェクト指向型プログラミング言語であるC++を使って、同じプログラムをオブジェクト指向プログラミングで作成してみましょう。以下は、プログラムのmain()関数のみです。完全なプログラムは、この章の最後で示します。C言語を使った手続き型プログラミングとどこが違うかわかりますか？

```cpp
// プログラムのメイン関数
int main() {
  User user;
  Computer computer;
  Judge judge;

  // 乱数を初期化する
  srand(time(NULL));

  // ユーザーが手を選択する
  user.setHand();

  // コンピュータが手を選択する
  computer.setHand();

  // 勝敗を判定する
  judge.doJudge(user, computer);

  // 勝敗を表示する
  judge.showJudge();

  return 0;
}
```

ここが Point

手続き型プログラミング言語とオブジェクト指向型プログラミング言語、どちらを使っても、プログラムの機能や外観が変わるわけではない

ここが Point

オブジェクト指向型プログラミング言語では、データと処理の所有者であるオブジェクトを考える必要がある

ここが Point

モノに注目したオブジェクト指向プログラミングとは、オブジェクト間のメッセージパッシングでプログラムの動きを表すことである

　手続き型プログラミング言語を使っても、オブジェクト指向型プログラミング言語を使っても、プログラムの機能に違いはありません。プログラムの外観が変わったり、プログラムが高速になったりすることもありません。プログラムのユーザーにとって、プログラミングのスタイルにどちらが採用されているかなど何ら意味を持たないことなのです。

　ただし、プログラムを作るプログラマから見れば、大きな違いがあります。手続き型プログラミング言語では、処理とデータの流れだけを考えてプログラミングすればよいのに対し、**オブジェクト指向型プログラミング言語では、データと処理の所有者であるオブジェクトを考える必要があります**。

　44ページのコードを見てください。user.setHand()、computer.setHand()、judge.doJudge()、judge.showJudge()の順番に処理が進んでいくのは、手続き型プログラミング言語と似ています。ただし、それぞれの処理（関数）に、user、computer、judgeという所有者が存在することに注目してください。

　userは、じゃんけんを行うユーザーを表します。user.setHand()は、ユーザーに手を選択させ、その結果を内部に保持します。computerは、じゃんけんを行うコンピュータを表します。computer.setHand()は、コンピュータが乱数で決定した手を内部に保持します。judgeは、勝敗を判定する審判（ジャッジ）を表します。judge.doJudge()は、引数に与えられたユーザーとコンピュータの手から勝敗を判定し、それを内部に保持します。judge.showJudge()は、勝敗を画面に表示します。

　データと処理の所有者が、すなわちオブジェクトです。個々のオブジェクトはデータ（変数）と処理（関数）を持ち、オブジェクトが他のオブジェクトの関数を呼ぶことでプログラムを動作させるのが、オブジェクト指向プログラミングです。

　これは、現実世界でモノとモノが対話していることをプログラムで表すものとなります。モノとモノの対話のことをオブジェクト間の**メッセージパッシング（message passing）**と呼びます。すなわち、**モノに注目したオブジェクト指向プログラミングとは、オブジェクト間のメッセージパッシングでプログラムの動きを表すことである**と言えます。オブジェクト指向プログラミングと手続き型プログラミングの違いは、データと処理の所有者が存在するかどうかです。

　オブジェクト指向プログラミングの考え方を図に表す手段として、**UML**がよく使われます。UMLは、**Unified Modeling Language**の略で、「統一モデリング言語」と訳されます。言語とはいっても、図の書き方を規定したものです。

　UMLには、13種類の図があります。オブジェクト間のメッセージパッシングを表すには、次のページのFig 2-3に示す**シーケンス図**が使われます。四角で囲まれ下線が付けられた「main」、「user」、「computer」、「judge」がオブジェクト、すな

わちデータと処理の所有者を表します。図の上から下に向かって時間が流れていきます。オブジェクトの下に描かれた細長い長方形（処理を行っている区間を示します）から他のオブジェクトへ矢印を伸ばし、それによってメッセージパッシングを表します。メッセージパッシングとは、他のオブジェクトが持つ関数を呼び出すことですから、呼び出す関数名を実線の矢印の上に書き添えます。関数が戻り値を返す場合は、破線の上に戻り値の内容を書き添えます。

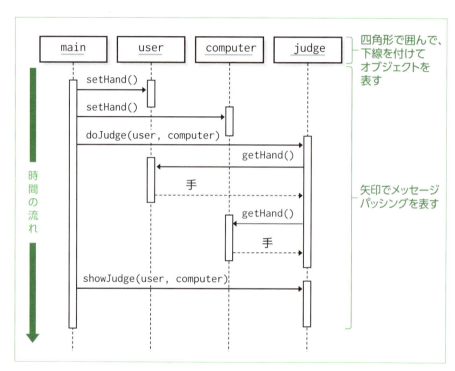

Fig 2-3
メッセージパッシングを表すシーケンス図

これで、モノに注目するオブジェクト指向プログラミングのイメージが、なんとなくつかめたことでしょう。この章の最後に紹介する具体的なC++のコードを見れば、さらに理解が深まるはずです。

なお、C++は、C言語にオブジェクト指向プログラミングのための機能（言語構文）を追加したものです。C++は、C言語の機能をすべて含んでいるので、**C++を使って従来どおりの手続き型プログラミングを行うことも可能です。**とはいえ、せっかくC++を使っているのですから、オブジェクト指向のメリットを活用したプログラミングを目指すべきです。そのメリットとは何かは、この後すぐに説明します。

ここがPoint
C++を使って、従来どおりの手続き型プログラミングを行うことも可能である

2-2 なぜオブジェクト指向なのか？

2-2 なぜオブジェクト指向なのか？

- ▶ オブジェクト指向プログラミングのメリット
- ▶ モデリングの考え方
- ▶ オブジェクト指向プログラミングのさまざまなとらえ方

2-2-1 オブジェクト指向プログラミングのメリット

❗ここがPoint

手続き型プログラミングは、大規模なプログラムの作成に適していない

オブジェクト指向プログラミングが考案された理由は、従来の手続き型プログラミングに問題があったからです。**手続き型プログラミング**は、大規模なプログラムの作成に適していないのです。

コンピュータが安価になり、広く社会に普及するようになったため、さまざまな業務や遊びをコンピュータ上で実現するニーズが増えていきました。現在では、プロセッサの処理能力が驚くほど向上し、ディスクやメモリといった記憶装置の容量も膨大なものとなっています。コンピュータのハードウェアは、大規模なプログラムを実行するのに見合ったものとなっています。

大規模なプログラムとは、データと処理の数が多いプログラムのことです。このようなプログラムを手続き型プログラミングで作成するとどうなるでしょう？膨大な数のデータ（変数）と処理（関数）が羅列されただけの複雑なものとなってしまいます。もしも、後からプログラムを修正する必要が生じたら、コードのどの部分に手を付ければよいか判断するのも困難です。たとえば、1,000個のデータと1,000個の処理が羅列されたプログラムを想像してみてください。いかに複雑であるかがイメージできるでしょう（Fig 2-4）。

第 2 章　オブジェクト指向プログラミングとクラスの基本

Fig 2-4
処理が羅列されただけの手続き型プログラミング

> **ここが Point**
> オブジェクト指向プログラミングは、大規模なプログラムの複雑さを軽減する

　オブジェクト指向プログラミングは、大規模なプログラムの複雑さを軽減します。オブジェクト指向プログラミングでは、データ（変数）と処理（関数）の所有者であるモノ（オブジェクト）を考えます。たとえば、1つのプログラムの中に1,000個のデータと1,000個の処理があっても、それらが50個のオブジェクトに分割されて所有されていれば、1つのオブジェクトあたりのデータと処理は、それぞれ20個程度になります。複雑さは、50分の1です（Fig 2-5）。

Fig 2-5
データと処理をまとめられるオブジェクト指向プログラミング

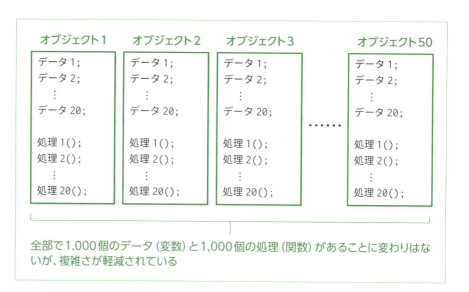

48

2-2 なぜオブジェクト指向なのか？

さらに便利なことがあります。繰り返しになりますが、プログラムは、現実世界の業務や遊びをコンピュータ上で実現するものです。現実世界の業務や遊びは、いくつかのモノから構成されているはずです。**現実世界のモノに対応させてプログラムのオブジェクトを作成すれば、プログラムの修正も容易になります。**なぜなら、プログラムの修正は、現実世界の業務や遊びの変化にともなって生じるものだからです。現実世界の何というモノが変化したかによって、修正すべきオブジェクトを特定できます。

たとえば、じゃんけんゲームで、コンピュータが出す手を乱数ではなくもっと賢い方法（ユーザーの手を記録して、次の手を考えるなど）にしたいのなら、コンピュータを表すオブジェクトのコードを修正すればよいことがわかります。このようなことから、**オブジェクト指向プログラミングは、現実世界をプログラムでモデリングするのに便利だ**と言えます（Fig 2-6）。

> **ここがPoint**
> オブジェクト指向プログラミングは、プログラムの修正を容易にする

> **ここがPoint**
> オブジェクト指向プログラミングは、現実世界をモデリングするのに便利である

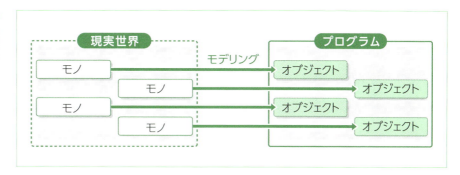

Fig 2-6 オブジェクト指向プログラミングは現実世界をモデリングする

2-2-2 モデリングの考え方

オブジェクト指向プログラミングでは、**モデリング（modeling）**という考え方が重要になります。UMLのMもModelingを表しています。オブジェクト指向プログラミングにおけるモデリングとは、プログラミングの対象となる現実世界からオブジェクトを洗い出すことです。もっと簡単に言えば、**プログラムに置き換える現実世界の業務や遊びを部品化および省略化すること**です。

モデリングは、プラモデルをイメージするとわかりやすいでしょう。たとえば、現実世界の旅客機をモデリングするとします。旅客機のプラモデルでは、胴体、主翼、尾翼、エンジンなどが部品化されています。ただし、プラモデルに必

> **ここがPoint**
> モデリングとは、現実世界の部品化と省略化である

要のないトイレや燃料タンクなどは省略化されています（部品化されていません）。これをプログラミングにあてはめて考えてください。これからプログラムに置き換えようとしている現実世界の業務や遊びの中で、プログラムとして必要な部品（オブジェクト）だけを洗い出す作業が、モデリングです（Fig 2-7）。

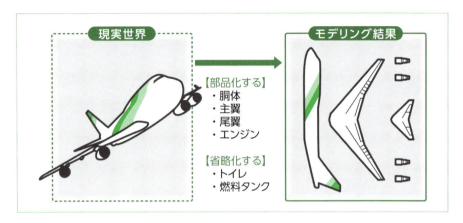

Fig 2-7 モデリングとは部品化と省略化である

「オブジェクト指向プログラミングとは何か？」と10人のプログラマに聞けば、10通りの答えが返ってくるでしょう。オブジェクト指向プログラミングには、さまざまなとらえ方があります（Fig 2-8）。

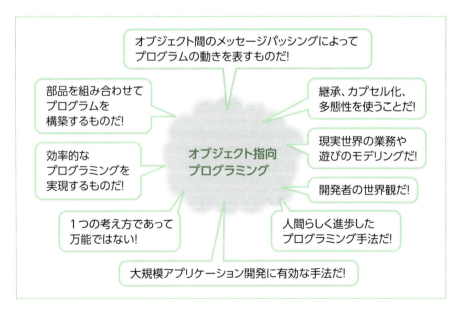

Fig 2-8 オブジェクト指向プログラミングに対するさまざまなとらえ方

プログラマとして実践できるなら、どのとらえ方でも正解です。プログラミングは、エンジニアリング（engineering）です。エンジニアリングは、経済活動であって学問ではありません。経済活動とは、何らかの製品を生み出し、それによって社会に貢献し、その対価を得ることです。

オブジェクト指向プログラミングによって、経済活動、すなわち皆さんにとってのプログラミングに何らかのメリットが得られるなら、オブジェクト指向プログラミングをどのようにとらえても正解です。かくいう筆者は、オブジェクトをプログラムの部品と割り切って考えるのが好きで、それを実践しています。既存の部品を組み合わせてプログラミングすることによって、効率的なプログラミングが可能となることに大きなメリットを感じています。

これから C++ を使ったオブジェクト指向プログラミングのさまざまな構文やテクニックを説明していきますが、それらを決して学問だと考えないでください。すべてをマスターしないといけないとも思わないでください。皆さんのプログラミングにメリットがあることだけを活用すればよいのです。

オブジェクト指向プログラミングは、大規模なプログラムの複雑さを軽減し、効率的なプログラミングを実現するというメリットをもたらします。したがって、本書の中で紹介しているような小規模なプログラムでは、オブジェクト指向プログラミングのメリットを実感していただくことに難しさがあります。この点は、あらかじめご承知おきください。

第 **2** 章 オブジェクト指向プログラミングとクラスの基本

2-3 構造体とクラスの違い

▶ 構造体とクラスが持つメンバの違い
▶ オブジェクト指向プログラミングの具体例

2-3-1 メンバ変数とメンバ関数

! ここが Point

クラスは、変数と関数を
メンバにできる

! ここが Point

クラスは、オブジェクト
を定義する型である

! ここが Point

クラスをデータ型とした
変数を宣言してクラスを
使う

! ここが Point

クラスが持つ変数をメン
バ変数と呼び、クラスが
持つ関数をメンバ関数と
呼ぶ

　C++では、**クラス**という概念を使ってオブジェクト指向プログラミングを実現します。C++のクラスは、C言語の構造体を発展させたものです。C言語の構造体のメンバにできるのは変数だけでしたが、**C++のクラスは変数と関数をメンバにできます**。クラスは、オブジェクトを定義する型となります。構造体と同様に、**クラスをデータ型とした変数を宣言してクラスを使います**。

　以下は、じゃんけんゲームのユーザーを表すUserクラスの定義です。クラスは、classというキーワードに続けて任意のクラス名（ここではUser）を指定したブロックとして定義します。ブロックの中に、クラスのメンバとなる変数と関数を記述します。**クラスが持つ変数のことをメンバ変数**と呼び、**クラスが持つ関数のことをメンバ関数**と呼びます。クラスを定義する構文は、第3章で詳しく説明しますので、ここではイメージだけをつかんでください。Userクラスには、handというメンバ変数と、setHand()およびgetHand()というメンバ関数があります。

```
class User {
private:
  int hand;        // メンバ変数
public:
  int setHand();   // メンバ関数
  int getHand();   // メンバ関数
};
```

　これまで何度も、プログラムとは、データと命令の集合体であると説明してき

ました。C言語のプログラマは、データに名前を付けて変数を宣言し、命令に名前を付けて関数を定義します。C++では、変数と関数をグループにまとめて名前を付け、クラスを定義する機能が追加されています。このグループは、**現実世界のモノ（もしくは生き物）をプログラムに置き換えたもの**です（Fig 2-9）。

> **ここがPoint**
> クラスは、現実世界のモノをプログラムに置き換えたものである

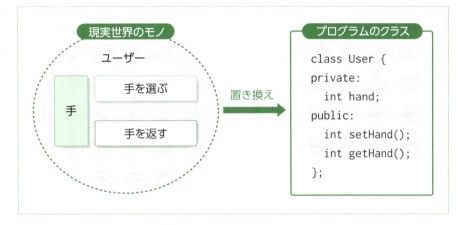

Fig 2-9 クラスは現実世界のモノをプログラムに置き換えたもの

構造体とクラスの基本的な違いは、構造体のメンバは変数だけで、クラスのメンバは変数と関数だということです。ただし、C++の言語仕様では、構造体でも関数をメンバとすることがOKになっています。これでは、構造体とクラスのどちらを使うべきか迷ってしまいます。

こう考えてください。**クラスがあれば構造体を使う必要はありません**。C++に構造体が残されているのは、C言語で作成された過去のプログラム資産（ソースコード）を再利用できるようにするためです。本書の中では、たとえデータのかたまりだけを表す場合でも、構造体ではなくクラスを使います。このようなクラスは、メンバ変数だけのクラスとなります。クラスには、構造体にはない継承などの便利な機能があります。構造体を使ってはいけないわけではありませんが、構造体とクラスのどちらを使ったらよいかを悩む状況では、クラスを使ったほうが無難です。

> **ここがPoint**
> クラスがあれば構造体を使う必要はない

2-3-2 じゃんけんゲームの完全なコード

最後に、オブジェクト指向プログラミングのスタイルで作成したじゃんけんゲームの完全なコードを示しておきましょう（List 2-2）。この時点では、プログ

第 2 章　オブジェクト指向プログラミングとクラスの基本

ラムにわからないところがあって当然ですが、ユーザー、コンピュータ、ジャッジを表すクラスが使われていることに注目してください。繰り返しますが、オブジェクト指向プログラミングだからといって、手続き型プログラミングに比べてプログラムの外観や機能が変わるわけではありません。変わるのは、プログラミングのスタイルです。

List 2-2
オブジェクト指向
プログラミングによる
じゃんけんゲーム

```cpp
#include <iostream>
#include <cstdlib>
#include <ctime>
using namespace std;

// じゃんけんの手を表す定数
#define GU 0
#define CHOKI 1
#define PA 2

// 判定を表す定数
#define WIN 0
#define LOSE 1
#define DRAW 2

// ユーザーを表すクラス
class User {
private:
  int hand;         // 手
public:
  void setHand();   // 手を選択する
  int getHand();    // 手を返す
};

// ユーザーの手を選択するメンバ関数
void User::setHand() {
  cout << "0：グー、1：チョキ、2：パー¥n";
  cout << "ユーザーの手を選んでください＝";
  cin >> hand;
}

// ユーザーの手を返すメンバ関数
int User::getHand() {
  return hand;
}

// コンピュータを表すクラス
```

54

2-3 構造体とクラスの違い

```cpp
class Computer {
private:
  int hand;          // 手
public:
  void setHand();    // 手を選択する
  int getHand();     // 手を返す
};

// コンピュータの手を選択するメンバ関数
void Computer::setHand() {
  hand = rand() % 3;
}

// コンピュータの手を返すメンバ関数
int Computer::getHand() {
  cout << "コンピュータの手=" << hand << "¥n";
  return hand;
}

// ジャッジを表すクラス
class Judge {
private:
  int judge;                         // 勝敗
public:
  void doJudge(User u, Computer c);  // 勝敗を判定する
  void showJudge();                  // 勝敗を表示する
};

// ジャッジが勝敗を判定するメンバ関数
void Judge::doJudge(User u, Computer c) {
  int user, computer;

  user = u.getHand();
  computer = c.getHand();
  if (user == computer) {
    judge = DRAW;
  }
  else if (user == GU && computer == CHOKI ||
           user == CHOKI && computer == PA ||
           user == PA && computer == GU) {
    judge = WIN;
  }
  else {
    judge = LOSE;
  }
}
```

55

第 **2** 章 オブジェクト指向プログラミングとクラスの基本

```cpp
// ジャッジが勝敗を表示するメンバ関数
void Judge::showJudge() {
  if (judge == WIN) {
    cout << "ユーザーの勝ちです！¥n";
  }
  else if (judge == LOSE) {
    cout << "ユーザーの負けです！¥n";
  }
  else if (judge == DRAW) {
    cout << "引き分けです！¥n";
  }
}

// プログラムのメイン関数
int main() {
  User user;
  Computer computer;
  Judge judge;

  // 乱数を初期化する
  srand(time(NULL));

  // ユーザーが手を選択する
  user.setHand();

  // コンピュータが手を選択する
  computer.setHand();

  // 勝敗を判定する
  judge.doJudge(user, computer);

  // 勝敗を表示する
  judge.showJudge();

  return 0;
}
```

List 2-2の実行結果

```
0：グー、1：チョキ、2：パー
ユーザーの手を選んでください＝1
コンピュータの手＝0
ユーザーの負けです！
```

確認問題

Q1 以下の説明に該当する言葉または表記を選択肢から選んでください。

(1) 処理とデータの流れを表す図示技法
(2) データと処理の所有者
(3) クラスが持つデータを記述したもの
(4) オブジェクト間のメッセージパッシングを表す図示技法
(5) クラスが持つ処理を記述したもの

選択肢

ア UML	イ メンバ変数	ウ メンバ関数	エ oriented
オ DFD	カ オブジェクト	キ シーケンス図	ク メッセージ

Q2 以下のプログラムの空欄に適切な語句や演算子を記入してください。

```
// オブジェクト指向プログラミングで作成したじゃんけんゲーム
int main() {
  User user;            // ユーザーを表すオブジェクト
  Computer computer;    // コンピュータを表すオブジェクト
  Judge judge;          // ジャッジを表すオブジェクト

  srand(time(NULL));    // 乱数を初期化する

  [  (1)  ].setHand();               // ユーザーが手を選択する
  [  (2)  ].setHand();               // コンピュータが手を選択する
  [  (3)  ].doJudge(user, computer); // 勝敗を判定する
  [  (3)  ].showJudge();             // 勝敗を表示する

  return 0;
}
```

解答は **300ページ** にあります。

COLUMN

UMLからオブジェクト指向の考え方を知る

　この章の中で「シーケンス図」というUMLの図を紹介しました。UMLは、オブジェクト指向専用というものではありません。C++で作成するプログラムの設計図を書くために考案されたわけでもありません。とはいえ、UMLを使うとオブジェクト指向の考え方を容易に図示できるので、事実上「オブジェクト指向の設計図はUMLで書くべきだ」ということになっているのです。

　かつてオブジェクト指向の考え方を図示するには、さまざまな手法がありました。どれか1つに統一されていないと不便なのは明らかです。そこで、1990年代に当時の米国ラショナル社が、James Rumbaugh、Grady Booch、Ivar Jacobsonという3人の学者に統一的な表記方法を考えさせました。結果として誕生したのがUML（Unified Modeling Language＝統一モデリング言語）です。現在のUMLでは、13種類の図の書き方が取り決められています。代表的なものを以下に示します。

クラス図	クラスの定義および複数のクラス間の関連を表す
オブジェクト図	オブジェクトおよび複数のオブジェクト間の関連を表す
シーケンス図	オブジェクト間のメッセージパッシングを時間に注目して表す
コミュニケーション図	オブジェクト間のメッセージパッシングを関連に注目して表す
ステートチャートマシン図	オブジェクトの状態遷移を表す
アクティビティ図	システムのアクションの流れをフローチャートのように表す
コンポーネント図	システムの構成要素となるプログラムやデータのファイルを表す
デプロイメント図	コンポーネント図を組み合わせてシステム全体の構成を表す
ユースケース図	ユーザーから見たシステムの使われ方を表す

　C++の構文としてオブジェクト指向をマスターすることも重要ですが、UMLの図も一通り勉強していただきたいと思います。「13種類も図があるなんて、覚えるのが面倒だ」と思われるかもしれません。まずは、「クラス図」と「シーケンス図」の2つを覚えることをお勧めします。そのうえで、他の図も少しずつ覚えていくとよいでしょう。

第 3 章

クラスと
オブジェクト

この章では、クラスを定義する方法と、クラスを使う方法を説明します。クラスは型であり、クラスがメモリ上に実体を持ったものがオブジェクトです。この考え方が、はじめてオブジェクト指向プログラミングを学ぶ人には難解なようですので、とことん丁寧に説明させていただきます。クラスを定義してから使うことを面倒だと感じる人も多いようです。そんなときには、オブジェクト指向プログラミングは大規模なプログラムの作成に効果を発揮するものであり、本書では学習のために小さなプログラムを作っているということを思い出してください。

第 **3** 章　クラスとオブジェクト

クラスの定義

- クラスを定義する構文
- メンバ関数の実装
- インライン関数の記述方法

3-1-1　クラスを定義する構文

ここが Point

クラスは、classキーワードのブロックで定義する

クラスは構造体の親戚ですから、クラスを定義する構文は、構造体を定義する構文とよく似ています。**class**というキーワードに続けて任意のクラス名を付けます。クラス全体を { と } のブロックで囲み、末尾の } の後ろにセミコロン (;) を置きます。ブロックの中に記述するのはクラスのメンバです。構造体と異なり、クラスでは、変数と関数の両方をメンバにできます。メンバの数は、いくつあってもかまいません。

構造体の定義とクラスの定義を比較してみましょう。以下は、第1章で登場したEmployee構造体の定義です。Employee構造体は、number、name、salaryという3つのメンバ変数を持っています。

```
struct Employee {
  int number;        // 社員番号
  char name[80];     // 氏名
  int salary;        // 給与
};
```

同じEmployeeという名前でクラスを定義してみましょう。次のページのようになります。これは、メンバ変数だけのクラスです。structの代わりにclassというキーワードが使われていることに注目してください。さらに**public:**というキーワードも使われています。これは、クラスのメンバの可視性を示すアクセス指定子と呼ばれるものです。アクセス指定子に関しては、第4章で詳しく説明します。

60

```
class Employee {
public:
  int number;        // 社員番号
  char name[80];     // 氏名
  int salary;        // 給与
};
```

　クラスは、変数と関数の両方をメンバにできます。変数だけを持つクラス、関数だけを持つクラス、および変数と関数の両方を持つクラス、どのパターンでもクラスを定義できます（Fig 3-1）。どのパターンにするかは、クラスの用途に合わせて決めます。

Fig 3-1
クラスを定義する構文

```
class クラス名 {

アクセス指定子：

   データ型　メンバ変数；

   データ型　メンバ変数；

   戻り値のデータ型　メンバ関数名（データ型　引数名，……）；

   戻り値のデータ型　メンバ関数名（データ型　引数名，……）；

};
```

　Employeeクラスにメンバ関数を追加して、変数と関数の両方を持つクラスにしてみましょう。以下のように定義できます。showData()というメンバ関数は、Employeeクラスが持つ3つのメンバ変数の値を画面に表示するものです。

```
class Employee {
public:
  int number;          // 社員番号
  char name[80];       // 氏名
  int salary;          // 給与
  void showData();     // メンバ変数の値を表示する
};
```

第 **3** 章　クラスとオブジェクト

3-1-2　メンバ関数の実装

クラスの定義の中には、メンバ関数のプロトタイプだけが記述されています。**プロトタイプ**とは、戻り値のデータ型、関数名、引数リスト（引数のデータ型と引数名）のことです。このままでは、メンバ関数を呼び出しても処理が行われません。メンバ関数の処理内容を実装するコードは、クラスを定義するブロックと別のところに記述します。

以下に示すのは、Employeeクラスが持つshowData()関数を実装するコードです。C言語の関数の定義とどこが違うかわかりますか？ オブジェクト指向プログラミングでは、関数や変数に所有者があります。showData()関数の所有者は、Employeeクラスです。**所有者をコードで示すために関数名の前に「クラス名::」と指定する**のです。コロンを2つ（::）付けることに注意してください。このコロン2つのことを**スコープ解決演算子**と呼びます。

> **ここが Point**
>
> クラスを定義するブロックの中にメンバ関数のプロトタイプを記述し、メンバ関数の実装は別のところに記述する

> **ここが Point**
>
> メンバ関数を実装するブロックでは、スコープ解決演算子でメンバ関数の所有者を示す

```cpp
void Employee::showData() {
  cout << number << "¥n";
  cout << name << "¥n";
  cout << salary << "¥n";
}
```

クラスの定義とメンバ関数の実装を別々に行う理由は、クラスの定義の中にメンバ関数の実装を記述すると、コードがゴチャゴチャと長たらしくなってしまうからです。一般的に、**クラスの定義はヘッダーファイル**（ファイルの拡張子が.hとなったファイル）に記述し、メンバ関数の実装はC++の**ソースファイル**（ファイルの拡張子が.cppとなったファイル）に記述します。

> **ここが Point**
>
> 一般的に、クラスの定義はヘッダーファイルに記述し、メンバ関数の実装はソースファイルに記述する

クラスの定義が記述されたヘッダーファイルは、メンバ関数を実装するソースファイルと、クラスを使う側のソースファイル（main()関数があるコードなど）の両方でインクルードされます。クラスを使う側のソースファイルでは、ヘッダーファイルを参照することでクラスの定義を参照でき、メンバ関数の使い方に誤りがあれば、コンパイラがエラーを出力します（Fig 3-2）。

3-1 クラスの定義

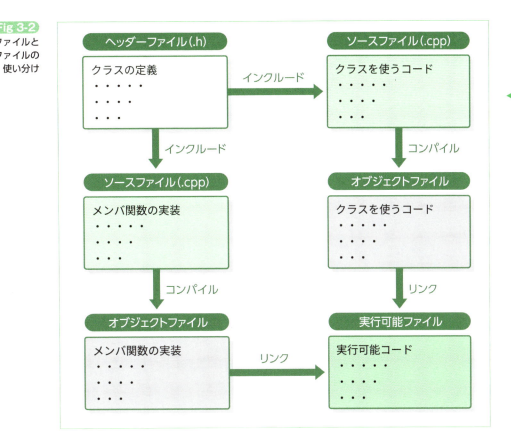

Fig 3-2
ヘッダーファイルと
ソースファイルの
使い分け

> ここが Point
>
> 短いサンプルプログラムなら、クラスの定義、メンバ関数の実装、クラスを使う側のコードを1つのソースファイルの中に記述してもかまわない

> ここが Point
>
> クラスを使う側のソースファイルにも、クラスが定義されたヘッダーファイルをインクルードする

　本書の中で作成する短いサンプルプログラム程度なら、1つのソースファイルの中に、クラスの定義、メンバ関数の実装、クラスを使う側のコードを記述してもかまいません。ただし、大規模で本格的なプログラムでは、クラスの定義とメンバ関数の実装を別々のファイルにします。クラスは、プログラムを作成するための部品だと言えます。メンバ関数の実装が記述されたソースファイルは、コンパイルされ、オブジェクトファイルまたはライブラリファイルとなったものが、クラスを使う側のコードのオブジェクトファイルにリンクされて使われます。クラスを使う側のソースファイルにも、クラスが定義されたヘッダーファイルをインクルードすることになります。したがって、もしも皆さんが作成した便利なクラスを誰かにプレゼントするとしたら、コンパイル済みのメンバ関数のオブジェクトファイルとクラスのヘッダーファイルをペアで提供することになります。

第**3**章 クラスとオブジェクト

3-1-3 インライン関数

ここが Point

クラスを定義するブロックの中でメンバ関数を実装することもできる

　処理内容が短いものなら、クラスを定義するブロックの中でメンバ関数を実装することもできます。このようなメンバ関数は、自動的にインライン関数となります。**インライン関数**とは、クラスを使う側でメンバ関数を呼び出しても、実際には呼び出しが行われず、その位置でメンバ関数のコードが展開されるものです。

　以下は、Employeeクラスを定義するブロックの中でshowData()関数を実装したものです。Employeeクラスを使う側のコードがshowData()関数を呼び出すと、その位置にshowData()関数の処理内容が展開されます。ただし、このことをプログラマが意識する必要はありません。コンパイラによって自動的に処理されることです。

```
class Employee {
public:
  int number;        // 社員番号
  char name[80];     // 氏名
  int salary;        // 給与

  // メンバ変数の値を表示する
  void showData() {
    cout << number << "¥n";
    cout << name << "¥n";
    cout << salary << "¥n";
  }
};
```

　インライン関数を持つクラスの定義は、ヘッダーファイルの中に記述します。すべてのメンバ関数がインライン関数なら、クラスを使う側のコードでヘッダーファイルをインクルードするだけで、メンバ関数（インライン関数）を利用できます。メンバ関数を実装したオブジェクトファイルをリンクする必要はありません。

　メンバ関数を実装するコードをクラスの定義とは別にするか、それともインライン関数にするかは、プログラマの好みに任されています。基本的には、メンバ関数を実装するコードをクラスの定義と別にするべきですが、メンバ関数を実装するコードが短いなら、インライン関数を使うことを検討してもよいでしょう。

64

3-2 クラスの使い方

3

クラスの使い方

3-2

▶ クラス、オブジェクト、インスタンスの意味
▶ クラス図とオブジェクト図の表記方法
▶ クラスの定義と実装の記述方法

3-2-1　クラスとオブジェクトの違い

ここが Point

クラスは型であり、クラスをデータ型とした変数（実体）を宣言して使う

ここが Point

C++の言語仕様では、構造体をデータ型とした変数の宣言でもstructキーワードを省略できる。ただし、クラスと構造体を区別しやすいように、構造体の宣言ではstructキーワードを省略しないことをお勧めする

　構造体と同様に、クラスは型であり、クラスを定義しただけでは実体がありません。クラスを定義したなら、クラスをデータ型とした変数を宣言してから使います。Employeeクラスをデータ型とした変数tanakaは、以下のように宣言します。構造体をデータ型とした変数の宣言ではstructというキーワードを使いましたが、クラスをデータ型とした変数の宣言ではclassというキーワードを省略して、「クラス名 変数名;」という構文を使います。

```
Employee tanaka;
```

　クラスをデータ型とした変数を宣言することで、クラスのコピーがメモリ上に作成され、「クラスをデータ型とした変数名.メンバ名」という構文で、クラスのメンバ変数とメンバ関数が使えるようになります。ドット（.）を使うのは、構造体と同じです。Employeeクラスをデータ型とした変数tanakaでメンバ変数やメンバ関数を使う場合には、以下のようにします。
　tanaka.showData()という構文でメンバ関数が呼び出せることに注目してください。個々のメンバ変数やメンバ関数は、単独の変数や関数と同様に取り扱えます。

```
tanaka.number = 1234;
strcpy(tanaka.name, "田中一郎");
tanaka.salary = 200000;
tanaka.showData();
```

65

第 3 章　クラスとオブジェクト

ここがPoint
クラスがメモリ上に実体を持ったものを「オブジェクト」または「クラスのインスタンス」と呼ぶ

　ここで、重要な用語を覚えてください。クラスがメモリ上に実体を持ったものを、オブジェクトまたはクラスのインスタンスと呼びます。**オブジェクト (object)** とは、「モノ」という意味です。クラスはモノの定義であり、クラスの実体がオブジェクトというわけです（Fig 3-3）。**インスタンス (instance)** の意味は「実例」で、そのクラスの具体的な「モノ」ということになります。本書では、主にオブジェクトと呼ぶことにします。

Fig 3-3　クラスとオブジェクトの違い

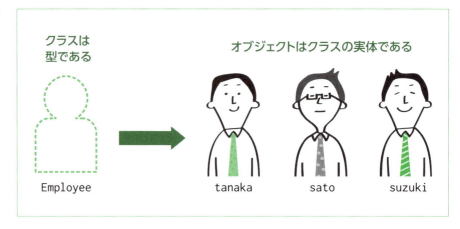

　クラスをデータ型とした変数が、オブジェクトです。Employee tanaka; と宣言されたtanakaは、変数tanakaとも呼べますが、オブジェクトtanakaと呼ぶほうがわかりやすいでしょう。int型やdouble型などの単純なデータ型の変数と区別しやすくなるからです。

　はじめてオブジェクト指向プログラミングを学ぶ人には、クラスとオブジェクトを区別することが難しいようです。それは、「クラスを定義し、メンバ関数を実装したら、すぐにでもメンバ関数を呼び出せないとおかしい」と思ってしまうからです。そのような人に筆者は、「従業員を表すEmployeeクラスを定義したとしましょう。すぐにEmployeeクラスのメンバを使えるという言語仕様だったら、プログラムの中に従業員が1人しか存在できなくなってしまいます。クラスをデータ型とした変数を宣言して使う言語仕様にしたのは、必要な人数だけ従業員を作れるようにするためです」と説明しています。田中さん、佐藤さん、鈴木さんという3人の従業員が登場するプログラムでは、以下のようにEmployeeクラスをデータ型とした3つのオブジェクトを宣言して使うことになります。tanaka、sato、suzukiは、Employeeクラスのオブジェクトです。

```
Employee tanaka, sato, suzuki;
```

　クラスとオブジェクトの違いを「クラスはクッキー型であり、くり抜かれたものがオブジェクトである」と説明する人もいます。これは、なかなかよいたとえ話です。小麦粉を練った生地がメモリを表します。クッキー型がクラスです。クッキー型を生地に押し当てると、型のコピーが実体としてくり抜かれます。この実体がオブジェクトです。1つのクッキー型（クラス）から、クッキーの実体（オブジェクト）をいくつでも作れます（Fig 3-4）。

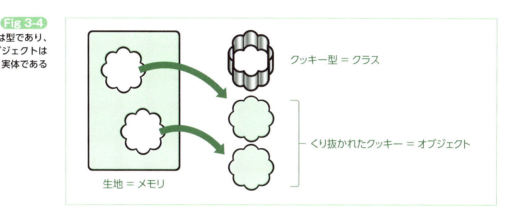

Fig 3-4
クラスは型であり、
オブジェクトは
実体である

　UMLでは、クラスを**クラス図**で表し、オブジェクトを**オブジェクト図**で表します。四角の中にクラス名を書いたものがクラス図です。四角の中に「オブジェクト名：クラス名」を下線付きで書いたものがオブジェクト図です（Fig 3-5）。クラス図やオブジェクト図の中に、メンバを書き添えることもできます。

Fig 3-5
UMLのクラス図と
オブジェクト図

第 **3** 章 クラスとオブジェクト

3-2-2 クラスの定義と実装を分ける場合

　これまでの説明のまとめとして、サンプルプログラムを作成してみましょう。まず、クラスの定義と実装をヘッダーファイルとソースファイルに分ける本格的なプログラミングをやってみます。

　List 3-1に示したコードをEmployee.hというファイル名で作成します。これは、Employeeクラスを定義したヘッダーファイルです。

List 3-1
Employeeクラスを
定義する
ヘッダーファイル

```
class Employee {
public:
  int number;        // 社員番号
  char name[80];     // 氏名
  int salary;        // 給与
  void showData();   // メンバ変数の値を表示する
};
```

　次に、List 3-2に示すコードをEmployee.cppというファイル名で作成します。これは、Employeeクラスのメンバ関数showData()を実装するソースファイルです。このように、クラス名とファイル名を同じにして、1つのクラスを1つのヘッダーファイル（定義）と1つのソースファイル（メンバ関数の実装）に分けて記述するのが一般的です。

　メンバ関数を実装するコードの先頭で、#include "Employee.h"のようにクラスを定義したヘッダーファイルをインクルードしていることに注目してください。これがないと、Employeeクラスの情報が得られないのでコンパイルエラーになります。

List 3-2
メンバ関数を実装する
ソースファイル

```
#include <iostream>
#include "Employee.h"
using namespace std;

void Employee::showData() {
  cout << number << "¥n";
  cout << name << "¥n";
  cout << salary << "¥n";
}
```

68

Employee.cppをコンパイルしたら、Employeeクラスを使う側のソースファイル（List 3-3）を作成します。ソースファイル名は、何でもかまいません。ここでは、main()関数の中でEmployeeクラスのオブジェクトtanakaを宣言し、3つのメンバ変数に値を設定してから、メンバ関数showData()を呼び出しています。

コードの先頭で、ヘッダーファイルEmployee.hをインクルードしていることに注目してください。クラスを使う側のコードで、クラスの定義が記述されたヘッダーファイルをインクルードするのは、標準関数を使う側のコードで、標準関数のプロトタイプ宣言が記述されたヘッダーファイルをインクルードするのと同じことです。

List 3-3
クラスを使う側の
ソースファイル

```cpp
#include <cstring>
#include "Employee.h"

int main() {
  // オブジェクトを作成する
  Employee tanaka;

  // メンバ変数にデータを設定する
  tanaka.number = 1234;
  strcpy(tanaka.name, "田中一郎");
  tanaka.salary = 200000;

  // メンバ関数を呼び出す
  tanaka.showData();

  return 0;
}
```

クラスを使う側のソースファイルをコンパイルしたら、クラスのメンバ関数を実装したオブジェクトファイルとリンクして実行可能ファイルを作成します。

List 3-3の実行結果

```
1234
田中一郎
200000
```

第 **3** 章 クラスとオブジェクト

3-2-3 インライン関数を使った場合

！ここがPoint

ヘッダーファイル名や
ソースファイル名をクラ
ス名と同じにするとわか
りやすいが、そうしなく
てもコンパイルエラーに
はならない

今度は、Employeeクラスのメンバ関数showData()を**インライン関数**として作成してみます。クラスを定義するヘッダーファイルは、List 3-4のようになります。先に作成したファイルを上書きしないように、Employee2.hというファイル名で保存しましょう。**クラス名とファイル名は同じにしたほうがわかりやすいのですが、同じにしなくてもコンパイルエラーになるわけではありません。**

List 3-4

インライン関数を使って
Employeeクラスを
定義する
ヘッダーファイル

```
#include <iostream>
using namespace std;

class Employee {
public:
  int number;        // 社員番号
  char name[80];     // 氏名
  int salary;        // 給与

  // メンバ変数の値を表示する
  void showData() {
    cout << number << "¥n";
    cout << name << "¥n";
    cout << salary << "¥n";
  }
};
```

インライン関数を含むEmployeeクラスを使う側では、クラスを定義したヘッダーファイルをインクルードするだけでクラスを使えます。メンバ関数を実装したオブジェクトファイルを作成する必要はありません（メンバ関数を実装したソースファイルがないので、オブジェクトファイルは作りようがありません）。

コードは、List 3-5のようになります。メンバ関数がインライン関数になっても、クラスの使い方は変わらないことがわかるでしょう。List 3-5の内容は、List 3-3とまったく同じです。もちろん、実行結果も同じです。

List 3-5

クラスを使う側は
インライン関数を
意識しないでよい

```
#include <cstring>
#include "Employee2.h"
```

3-2 クラスの使い方

```cpp
int main() {
  // オブジェクトを作成する
  Employee tanaka;

  // メンバ変数にデータを設定する
  tanaka.number = 1234;
  strcpy(tanaka.name, "田中一郎");
  tanaka.salary = 200000;

  // メンバ関数を呼び出す
  tanaka.showData();

  return 0;
}
```

3-2-4 クラスの定義と実装を 1つのソースコードに書く場合

　最後に、1つのソースファイルの中に、クラスの定義、メンバ関数の実装、およびクラスを使うコードをすべて書いてしまうプログラムを作成してみましょう（List 3-6）。実行結果は、先に作成した2つのプログラムと同じです。

List 3-6
すべてを1つのソースファイルに記述する

```cpp
#include <iostream>
#include <cstring>
using namespace std;

// クラスの定義
class Employee {
public:
  int number;        // 社員番号
  char name[80];     // 氏名
  int salary;        // 給与
  void showData();   // メンバ変数の値を表示する
};

// メンバ関数の実装
void Employee::showData() {
  cout << number << "\n";
  cout << name << "\n";
  cout << salary << "\n";
```

第 **3** 章 クラスとオブジェクト

```cpp
}

// クラスを使う側のコード
int main() {
  // オブジェクトを作成する
  Employee tanaka;

  // メンバ変数にデータを設定する
  tanaka.number = 1234;
  strcpy(tanaka.name, "田中一郎");
  tanaka.salary = 200000;

  // メンバ関数を呼び出す
  tanaka.showData();

  return 0;
}
```

　短いプログラムなら、この記述方法が最も簡単です。本書では、この記述方法を採用してほとんどのサンプルプログラムを作成します。ただし、本格的なプログラムでは、クラスとクラスを使う側のコードを別のファイルに分けるようにしてください。筆者が注意しなくても、皆さんは、そうするはずです。

　List 3-6のようなスタイルでプログラムを記述する場合に注意してほしいことがあります。それは、**ソースコードの先頭から、「クラスの定義」、「メンバ関数の実装」、「クラスを使う側のコード」の順に記述しないと、コンパイルエラーになってしまうこと**です。

ここが Point

1つのソースコードにする場合は、「クラスの定義」、「メンバ関数の実装」、「クラスを使う側のコード」の順番で記述する

　コンパイラの身になって考えてみてください。コンパイラは、ソースコードを先頭から順に見ていきます。クラスの定義が先にあるからこそ、メンバ関数の実装が適切かどうか（プロトタイプが合っているかどうか）を判断できます。クラスの定義とメンバ関数の実装の後にクラスを使うコードがあるからこそ、使い方が正しいかどうか（使っているメンバをクラスが持っているかどうか）を判断できるのです。

72

3-3 メンバ関数のオーバーロード

メンバ関数のオーバーロード

3-3

▶ 継承とカプセル化と多態性の意味
▶ メンバ関数をオーバーロードする目的と方法

3-3-1 オブジェクト指向の三本柱

オブジェクト指向のとらえ方の1つに、「オブジェクト指向とは、継承とカプセル化と多態性（たたいせい）を使うことだ」というのがあります（50ページ）。これは、プログラミングのテクニックに注目したとらえ方です。継承、カプセル化、多態性は、俗に「**オブジェクト指向プログラミングの三本柱**」とも呼ばれます。C++のようなオブジェクト指向型プログラミング言語は、この三本柱をプログラムで実現する機能（言語構文）を備えています。

継承、カプセル化、多態性が何であるかは、本書の中で随時説明していきますが、簡単に概要だけをお教えしておきましょう。

継承（inheritance）とは、既存のクラスに機能を付け足して新たなクラスを定義することです。**カプセル化（encapsulation）**とは、データと処理をまとめること、およびクラスのメンバを部分的に隠ぺいすることです。クラスが持つメンバの中で、クラスを使う側に必要となるものだけを公開し、クラスの中だけで使われるメンバを隠すのです。**多態性（polymorphism）**とは、同じメッセージ（関数呼び出し）に対して複数の異なる応答（処理）をすることです（すぐ後で具体例を1つ示します）。

継承、カプセル化、多態性の目的は、現実世界をそのままモデリングすることと、再利用や隠ぺいによってプログラミングを効率化することです。継承、カプセル化、多態性は、常にすべてを使わなければならないというものではありません。必要に応じて活用するテクニックです。

オブジェクト指向プログラミングで必須となるのは、クラスを定義して使うことだけです。継承、カプセル化、多態性は、使えばそれなりに便利という補足機

！ ここが Point

継承、カプセル化、多態性を「オブジェクト指向プログラミングの三本柱」と呼ぶことがある

！ ここが Point

継承、カプセル化、多態性の目的は、現実世界をモデリングし、プログラミングを効率化することである

！ ここが Point

オブジェクト指向プログラミングで必須なのはクラスを定義して使うことであり、継承、カプセル化、多態性は、必要に応じて使うオプション的なテクニックに過ぎない

73

能に過ぎません。これらのテクニックをC++で実現する方法を学ぶと、知識にがんじがらめになってしまって、プログラミングできなくなってしまう人が多くいます。「オブジェクト指向プログラミングの三本柱」と呼ばれていても、それがオブジェクト指向を支えているのではなく、あくまでオプション的なものだと考えてください（Fig 3-6）。

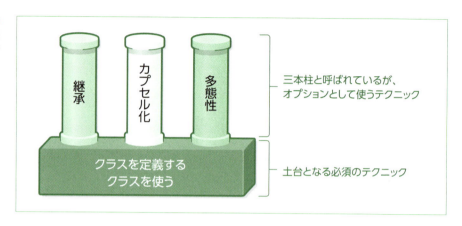

Fig 3-6
オブジェクト指向プログラミングで使われるテクニック

皆さんから「どうしたらオブジェクト指向プログラミングができるでしょうか？」と尋ねられたなら、筆者は「クラスを定義し、クラスを使うというスタイルでプログラミングをしましょう」と答えます。従来の手続き型プログラミングを発展させ、データと処理の所有者であるクラスを考え、クラスを使うためにオブジェクトを作成すればよいのです。必要とされる最低限の知識は、これだけです。

「それはクラスを部品とする考え方であり、オブジェクト指向ではなくコンポーネント指向とでも呼ぶべきものだ」と反論する人もいるかもしれません。しかし、クラスを部品としてとらえるだけでもプログラミングを大いに効率化できます。オブジェクト指向の目的である大規模プログラムの効率的な開発が実現できるのですから、それだけでも十分なはずです。

3-3-2 メンバ関数のオーバーロードによる多態性

ここがPoint
オーバーロードは、多態性を実現する手段の1つである

クラスが持つメンバ関数をオーバーロードすることで、オブジェクト指向プログラミングの三本柱の1つである多態性を実現できます。**オーバーロード（overload）** とは、1つのクラスの中に、同じ名前のメンバ関数を複数定義することで

3-3 メンバ関数のオーバーロード

す。オーバーロードを日本語に訳すと「**多重定義**」です。

　以下は、引数に与えられた数値を2倍にして返すメンバ関数twice()を持つ
MyMathクラスの定義と実装です。ここでは、クラスの定義とメンバ関数の実装
を分けて記述しています。同じtwice()という名前のメンバ関数が2つ定義され
ていることに注目してください。これが、オーバーロードです。何ら実用的では
ないメンバ関数ですが、あくまでもサンプルですのでお許しください。

```
// クラスの定義
class MyMath {
public:
  int twice(int a);          // int型のメンバ関数
  double twice(double a);    // double型のメンバ関数
};

// メンバ関数の実装
int MyMath::twice(int a) {
  return a * 2;
}

double MyMath::twice(double a) {
  return a * 2;
}
```

　C言語では、プログラムの中に同じ名前の関数を複数定義することはできませ
んでした。C++では、それが可能なのです。その理由は、**C++コンパイラは、
関数を名前だけでなく名前と引数で識別する**からです。人間から見れば、int
twice(int a)とdouble twice(double a)は、同じtwiceという名前の関数です。C++
コンパイラは、int twice(int a)を「twiceという名前で、int型の引数を持つ関数で
ある」と解釈し、double twice(double a)を「twiceという名前で、double型の引
数を持つ関数である」と解釈し、両者を異なるものと識別します。コンパイラの
解釈の仕方を変えただけで、オーバーロードが実現されているわけです。

　オーバーロードが何の役に立つのでしょうか？　オーバーロードは、オブジェ
クト指向の目的であるプログラミングの効率化を実現します。int型とdouble型
でtwiceという同じ名前の関数が定義されているので、MyMathクラスを使う側
では、「引数の値を2倍するには、整数や小数点数にかかわらずtwiceという名前
のメンバ関数を呼び出せばよい」ということになります。覚えることが少なくて
済む分、効率的になるのです。クラスを定義する側では2つのメンバ関数を作っ
ていますが、クラスを使う側では、以下のように1つの同じメンバ関数のように

❶ここが Point

C++コンパイラは、関数を名前と引数で識別する

第3章 クラスとオブジェクト

見えます。

```
MyMath obj;
int a;
double b;
a = obj.twice(123);        // twice() 関数を呼び出している
b = obj.twice(3.14);       // 同じ twice() 関数を呼び出しているように見える
```

オーバーロードを使わないとどうなるでしょう。int型を引数とするint intTwice(int a) と double型を引数とする double dblTwice(double a) のように、異なる名前のメンバ関数を定義することになります。これでは、クラスを使う側にとって覚えるメンバ関数名が多くなり面倒です。ただし、オーバーロードを使うことは必須ではありませんので、以下のようなクラスを定義しても間違いではありません。

```
// クラスの定義
class MyMath {
public:
  int intTwice(int a);         // int型のメンバ関数
  double dblTwice(double a);   // double型のメンバ関数
};

// メンバ関数の実装
int MyMath::intTwice(int a) {
  return a * 2;
}

double MyMath::dblTwice(double a) {
  return a * 2;
}
```

ただし、以下のようにクラスを使う側にとって面倒になります。このように、オブジェクト指向プログラミングのさまざまなテクニックには、使えば便利だが、使わなくてもかまわないというものが多くあります。

```
MyMath obj;
int a;
double b;
a = obj.intTwice(123);     // intTwice() 関数を呼び出している
b = obj.dblTwice(3.14);    // dblTwice() 関数を呼び出している
```

オーバーロードによって多態性が実現できるとは、どういう意味なのかわかっていただけたでしょうか？　クラスを使う側は、MyMathクラスが持つtwiceというメンバ関数に整数や小数点数を与えて呼び出します。これは、クラスに同じtwiceという名前のメッセージを送っていることになります。メッセージを送るとは、メンバ関数を呼び出すことです。同じメッセージを受け取ったMyMathクラスは、引数のデータ型に応じて異なる処理を行います。int型を2倍して返すことと、double型を2倍して返すことは、プログラムとして異なる処理です。これは、同じメッセージに対して複数の異なる応答（処理）をする多態性を実現していることになります。

🛈 ここが Point

C++コンパイラは、戻り値を関数の識別の対象にしない

C++コンパイラは、名前と引数でメンバ関数を識別しますが、戻り値は識別の対象にしません。したがって、以下のように名前と引数が同じで戻り値のデータ型だけが異なるメンバ関数を定義することはできません（コンパイル時にエラーとなります）。特に意味のない例なので、メンバ関数myFuncの処理内容が何かは気にしないでください。

```cpp
class MyClass {
public:
  int myFunc(char *s);
  double myFunc(char *s);
};
```

メンバ関数の戻り値を識別の対象としない理由は、クラスを使う側でメンバ関数を呼び出しても、戻り値を受け取ることが必須ではないからです。たとえば、以下のように戻り値を受け取らないでメンバ関数myFunc()を呼び出した場合は、int型を戻り値とするmyFunc()とdouble型を戻り値とするmyFunc()のどちらを呼び出したのか識別できません。この問題をなくすために、戻り値のデータ型はメンバ関数を識別する対象としていないのです。

```cpp
MyClass obj;
obj.myFunc("Hello");
```

次のページのList 3-7は、ここまでの説明をまとめたサンプルプログラムです。オーバーロードされた2つのメンバ関数twice()を持つMyMathクラスの定義、メンバ関数の実装、およびMyMathクラスを使う側のコードを1つのソースファイルに記述しています。

第 **3** 章 クラスとオブジェクト

List 3-7
メンバ関数の
オーバーロード

```cpp
#include <iostream>
using namespace std;

// クラスの定義
class MyMath {
public:
  int twice(int a);           // int 型のメンバ関数
  double twice(double a);     // double 型のメンバ関数
};

// int 型のメンバ関数の実装
int MyMath::twice(int a) {
  return a * 2;
}

// double 型のメンバ関数の実装
double MyMath::twice(double a) {
  return a * 2;
}

// クラスを使う側のコード
int main() {
  MyMath obj;
  int a;
  double b;

  a = obj.twice(123);
  cout << a << "¥n";
  b = obj.twice(3.14);
  cout << b << "¥n";

  return 0;
}
```

List 3-7 の実行結果

```
246
6.28
```

　C++で多態性を実現する手段は、オーバーロードの他にもいくつかあります。
具体例は、本書の後半で説明します。ただし、何度もくどいようですが、テク
ニックを知識として覚えるだけでなく、そのメリットを十分に理解して、皆さん
自身が作成するプログラムの中で活用できるようになってください。

78

3-3-3 オーバーロード活用の2つのパターン

● ここが Point

オーバーロードによって、引数のデータ型が異なる同名のメンバ関数を複数定義できる

オーバーロードを活用するには、大きく分けて2つのパターンがあります。1つは、**まったく同じ処理内容で、引数のデータ型だけが異なるメンバ関数をオーバーロードすること**です。これは、先ほどのMyMathクラスのメンバ関数twice()で示したパターンです。

そもそも、整数や小数点数などのデータ型に応じて関数を分けなければならないのは、コンピュータの都合です。人間から見れば「数値を2倍する」という同じ1つの処理なのです。それを人間の感覚のまま（クラスを使う側から見れば）1つのメンバ関数にできるオーバーロードは、オブジェクト指向の1つのとらえ方である「現実世界のモデリング」を実現するものだとも言えるでしょう。

多くのプログラマに再利用してもらえる汎用的なクラスを作るためには、数値計算を行うメンバ関数の引数のデータ型を、int型、long型、float型、およびdouble型の4種類でオーバーロードしておくとよいでしょう。int型よりサイズの小さいデータ型は、自動的にint型にキャストされるのでオーバーロードする必要はありません。

MyMathクラスのメンバ関数twice()の場合は、以下のようになります。ここでは、インライン関数を使っています。

```cpp
class MyMath {
public:
  // int型のメンバ関数
  int twice(int a) {
    return a * 2;
  }

  // long型のメンバ関数
  long twice(long a) {
    return a * 2;
  }

  // float型のメンバ関数
  float twice(float a) {
    return a * 2;
  }
```

第3章　クラスとオブジェクト

```
// double型のメンバ関数
double twice(double a) {
  return a * 2;
}
};
```

ここが Point

オーバーロードによって、引数の数が異なる同名のメンバ関数を複数定義できる

オーバーロード活用のもう1つのパターンは、**引数の数が異なる同じ名前のメンバ関数を複数定義すること**です。これによって、クラスを使う側が面倒くさがりな人なら引数なしでメンバ関数を呼び出せ、コツコツと仕事をする地道な人なら引数を指定してメンバ関数を呼び出せます。

List 3-8は、引数なし、引数1個、引数2個の3通りにオーバーロードされたメンバ関数showMessage()を持つMyMessageクラスの定義、メンバ関数の実装、およびクラスを使う側のコードです。

引数のないshowMessage()を呼び出すと「こんにちは。」という文字列が1回だけ表示されます。引数を1個持つshowMessage()を呼び出すと、引数に指定された文字列が1回だけ表示されます。引数を2個持つshowMessage()を呼び出すと、1つ目の引数に指定された文字列が、2つ目の引数に指定された回数だけ表示されます。

List 3-8
異なる数の引数を持つメンバ関数のオーバーロード

```cpp
#include <iostream>
using namespace std;

// クラスの定義
class MyMessage {
public:
  void showMessage();                    // 引数のないメンバ関数
  void showMessage(const char *s);       // 引数1個のメンバ関数
  void showMessage(const char *s, int n); // 引数2個のメンバ関数
};

// 引数のないメンバ関数の実装
void MyMessage::showMessage() {
  cout << "こんにちは。" << "¥n";
}

// 引数1個のメンバ関数の実装
void MyMessage::showMessage(const char *s) {
  cout << s << "¥n";
}
```

80

3-3　メンバ関数のオーバーロード

```cpp
// 引数2個のメンバ関数の実装
void MyMessage::showMessage(const char *s, int n) {
  for (int i = 0; i < n; i++) {
    cout << s << "¥n";
  }
}

// クラスを使う側のコード
int main() {
  MyMessage obj;

  obj.showMessage();
  obj.showMessage("お元気ですか？");
  obj.showMessage("技術評論社", 3);

  return 0;
}
```

List 3-8の実行結果

```
こんにちは。
お元気ですか？
技術評論社
技術評論社
技術評論社
```

　異なる数の引数を持つメンバ関数をオーバーロードする場合は、1つのメンバ関数が他のメンバ関数を呼び出すようにすると、コードを効率的に記述できます。呼び出される側のメンバ関数を変更すれば、その内容が他のメンバ関数にも反映されるからです。

　以下は、List 3-8の改良版です。引数のないshowMessage()と引数1個のshowMessage()が、引数2個のshowMessage()を呼び出していることに注目してください。

```cpp
void MyMessage::showMessage() {
  showMessage("こんにちは。", 1);
}

void MyMessage::showMessage(const char *s) {
  showMessage(s, 1);
}

void MyMessage::showMessage(const char *s, int n) {
```

第 3 章　クラスとオブジェクト

```cpp
    for (int i = 0; i < n; i++) {
      cout << s << "¥n";
    }
  }
```

　メッセージを画面に表示するときに「Message：」という文字列を付加するように変更してみましょう。以下のように引数2個のshowMessage()だけを改造すれば、それが他の2つのshowMessage()にも反映されます。

```cpp
  void MyMessage::showMessage(const char *s, int n) {
    cout << "Message：";    // 変更した部分
    for (int i = 0; i < n; i++) {
      cout << s << "¥n";
    }
  }
```

3-4 オブジェクトを引数として渡す

3

オブジェクトを引数として渡す

3-4

▶ オブジェクトの配列およびポインタを使う方法
▶ オブジェクトのポインタでアロー演算子を使う方法
▶ オブジェクトのポインタを関数の引数や戻り値にする方法

3-4-1 オブジェクトの配列とポインタ

　クラスを定義する構文や、クラスをデータ型とした変数を宣言して使う構文は、構造体とよく似ています。この時点では、「クラスの取り扱いは構造体とほとんど同じだが、クラスのメンバには関数を含められることだけが違う」と思っていただいてOKです。クラスには、構造体にない継承などの機能もありますが、それらはオプション機能として徐々に覚えていきましょう。

● ここが Point
オブジェクトの配列を宣言する構文と、オブジェクトを指すポインタを取り扱う構文は、構造体の場合と同様である

　クラスをデータ型とした配列、すなわちオブジェクトの配列を宣言する構文と、クラスをデータ型としたポインタ、すなわちオブジェクトを指すポインタを取り扱う構文も、構造体の場合と同様です。サンプルプログラムをお見せしましょう。

　List 3–9は、Employeeクラスをデータ型とした配列、すなわち**オブジェクトの配列**を宣言し、それぞれのオブジェクトのメンバ変数にデータを設定して、メンバ変数の値を画面に表示するプログラムです。構造体の配列と同様の構文で、オブジェクトの配列を取り扱えることがわかるでしょう。

List 3-9
オブジェクトの配列を使う

```cpp
#include <iostream>
#include <cstring>
using namespace std;

// クラスの定義
class Employee {
public:
  int number;        // 社員番号
  char name[80];     // 氏名
```

83

第 **3** 章 クラスとオブジェクト

```cpp
  int salary;              // 給与
  void showData();         // メンバ変数の値を表示する
};

// メンバ関数の実装
void Employee::showData() {
  cout << number << "¥n";
  cout << name << "¥n";
  cout << salary << "¥n";
}

// クラスを使う側のコード
int main() {
  Employee obj[3];

  // オブジェクトのメンバを設定する
  obj[0].number = 1234;
  strcpy(obj[0].name, "田中一郎");
  obj[0].salary = 200000;
  obj[1].number = 1235;
  strcpy(obj[1].name, "佐藤次郎");
  obj[1].salary = 250000;
  obj[2].number = 1236;
  strcpy(obj[2].name, "鈴木三郎");
  obj[2].salary = 300000;

  // オブジェクトのメンバを表示する
  for (int i = 0; i < 3; i++) {
    obj[i].showData();
  }

  return 0;
}
```

List 3-9 の実行結果

```
1234
田中一郎
200000
1235
佐藤次郎
250000
1236
鈴木三郎
300000
```

3-4　オブジェクトを引数として渡す

List 3-10は、Employeeクラスのオブジェクトtanakaを宣言し、そのアドレスを&演算子で取り出してEmployeeクラスのオブジェクトのポインタsomeoneに代入し、someoneを使ってメンバ変数にデータを設定してから、その値を画面に表示するプログラムです。**オブジェクトのポインタを使ってメンバを参照する場合には、ドット（.）でなくアロー演算子（->）を使うことも、構造体のポインタの場合と同様です。**クラスが構造体を発展させたものであることを、しみじみ感じていただけるでしょう。

● ここが Point

オブジェクトのポインタを使う場合は、アロー演算子でメンバを指定する

List 3-10
オブジェクトのポインタを使う

```cpp
#include <iostream>
#include <cstring>
using namespace std;

// クラスの定義
class Employee {
public:
  int number;          // 社員番号
  char name[80];       // 氏名
  int salary;          // 給与
  void showData();     // メンバ変数の値を表示する
};

// メンバ関数の実装
void Employee::showData() {
  cout << number << "¥n";
  cout << name << "¥n";
  cout << salary << "¥n";
}

// クラスを使う側のコード
int main() {
  Employee tanaka;
  Employee *someone;

  // オブジェクトのポインタを取得する
  someone = &tanaka;

  // オブジェクトのメンバを設定する
  someone->number = 1234;
  strcpy(someone->name, "田中一郎");
  someone->salary = 200000;

  // オブジェクトのメンバを表示する
  someone->showData();
```

第 **3** 章 クラスとオブジェクト

```
    return 0;
}
```

List 3-10の実行結果

```
1234
田中一郎
200000
```

3-4-2 オブジェクトを引数や戻り値とする関数

ここが Point

関数の引数や戻り値をオブジェクトにする場合は、オブジェクトのポインタを使う

関数の引数にオブジェクトを渡すことも、**関数の戻り値をオブジェクトとする**こともできます。このときも構造体の場合と同様に、オブジェクトのポインタを使うとよいでしょう。サンプルプログラムを List 3-11 に示します。

List 3-11
オブジェクトのポインタを引数や戻り値とする関数

```cpp
#include <iostream>
#include <cstring>
using namespace std;

// クラスの定義
class Employee {
public:
    int number;         // 社員番号
    char name[80];      // 氏名
    int salary;         // 給与
    void showData();    // メンバ変数の値を表示する
};

// メンバ関数の実装
void Employee::showData() {
    cout << number << "¥n";
    cout << name << "¥n";
    cout << salary << "¥n";
}

// クラスの定義
class MySample {
public:
    // オブジェクトのポインタを引数とするメンバ関数
```

86

3-4 オブジェクトを引数として渡す

```cpp
  void useObject(Employee *obj);

  // オブジェクトのポインタを戻り値とするメンバ関数
  Employee* retObject();
};

// メンバ関数の実装
void MySample::useObject(Employee *obj) {
  obj->showData();
}

Employee* MySample::retObject() {
  static Employee obj;
  obj.number = 1234;
  strcpy(obj.name, "田中一郎");
  obj.salary = 200000;

  return &obj;
}

// クラスを使う側のコード
int main() {
  Employee *someone;
  MySample ms;

  // オブジェクトのポインタを取得する
  someone = ms.retObject();

  // オブジェクトのポインタを関数に渡す
  ms.useObject(someone);

  return 0;
}
```

　List 3-11では、Employeeクラスのオブジェクトのポインタを引数や戻り値とするメンバ関数を持つMySampleクラスが定義されています。MySampleクラスのメンバ関数useObject()は、Employeeクラスのオブジェクトのポインタを引数（Employee *obj）として受け取り、オブジェクトのポインタを使ってメンバ関数showData()を呼び出します。

　MySampleクラスのメンバ関数retObject()は、static宣言されたEmployeeクラスのオブジェクトのポインタを&演算子で取り出して返します。**static**宣言しているのは、そうしないとメンバ関数の処理を抜けた時点で、オブジェクトが破棄されてしまうからです。

87

第 3 章　クラスとオブジェクト

　クラスを使う側のmain()関数では、Employeeクラスのポインタsomeoneと、MySampleクラスのオブジェクトmsを宣言しています。someone = ms.retObject(); によって、someoneにEmployeeクラスのオブジェクトのポインタが代入されます。ms.useObject(someone); によって、someoneの値（オブジェクトのポインタ）がuseObject()に渡され、その結果としてメンバ変数の値が画面に表示されます。

List 3-11の実行結果

```
1234
田中一郎
200000
```

　これまでにさまざまなサンプルプログラムを作って、その実行結果を示してきましたが、どれも同じようでつまらないと感じたかもしれません。筆者は、新しいことを理解するには、すでにマスターしていることと比較するのが一番よい方法だと考えています。実行結果が同じようなサンプルプログラムであっても、プログラムの内容は微妙に異なっています。どこが違うのか、そしていまは何が学習テーマなのかを常に考えるようにしてください。

　もう1つ重要なことがあります。それは、同じ実行結果が得られるプログラムであっても、作り方にはいくつもの方法があるということです。オブジェクト指向プログラミングのさまざまなテクニックの中にも、同じことを実現するものがあります。どのテクニックを使うかは、皆さんの好みに任されたことです。プログラムは、目的どおりに動作すれば、その作り方など何でもかまわないのですから。

確認問題

Q1 以下の説明に該当する言葉または表記を選択肢から選んでください。

(1) クラスを定義するキーワード

(2) メンバ関数の処理内容を記述すること

(3) スコープ解決演算子

(4) クラスの定義の中にメンバ関数の処理を記述したもの

(5) 1つのクラスに引数が異なる同名のメンバ関数を複数定義すること

選択肢

ア 継承	イ ::	ウ :	エ オーバーロード
オ 実装	カ class	キ public	ク インライン関数

Q2 以下のプログラムの空欄に適切な語句や演算子を記入してください。

```
// Employee クラスの void showData() 関数を実装する
[      (1)      ] {
  cout << number << "¥n";
  cout << name << "¥n";
  cout << salary << "¥n";
}

int main() {
  // Employee クラスのオブジェクト tanaka を作成する
  [      (2)      ];

  // tanaka のメンバ関数 showData() を呼び出す
  [      (3)      ];

  return 0;
}
```

解答は **300ページ** にあります。

89

COLUMN

オブジェクト指向で最も重要なのは……

　筆者には、憧れのITエンジニアがいます。某大手IT企業に勤務するH氏です。H氏は、イベント会場で講師をされることが多い有名人なので、イニシャルを見ただけで誰だかわかる人もいるでしょう。とにかくスゴイ人なのです。何度もお会いしているのですが、その都度アイドルに会ったように緊張してしまいます。

　あるカンファレンスでH氏が、オブジェクト指向プログラミングに関する講演をされました。H氏は、開口一番「オブジェクト指向とは、一言で言えば……」と発してから、一瞬沈黙しました。筆者は、かたずを飲んで次の言葉を待ちました。H氏は、どのようなとらえ方をしているのだろう。筆者と同じだろうか、それともまったく違うとらえ方をしているのだろうか。ワクワク……ドキドキ……。

　H氏は続けました。「オブジェクト指向とは、一言で言えば、プログラマの世界観です。そして、オブジェクト指向で最も重要なのは多態性です」。H氏の話は、難しすぎてわからないことで有名です。その後1時間ほど難しい話が続きましたが、筆者はわからないなりにも大いに満足しました。アイドルに接するとは、所詮こんなものです。

　カンファレンスが終わってから、同じ会場にいた同僚のF君と話をしました。F君もH氏の大ファンです。「今日の講演わかったかい？」、「わからなかったけどよかったなぁ」と、お互いのレベルの低さを慰め合いました。これが、H氏の人気の秘密かもしれません。「誰にもわからないのだから、自分がわからなくても大丈夫なのだ。だけど世の中にはスゴイ人がいるのだから、がんばろう」という気持ちにさせてくれる人なのです。

　それなりにオブジェクト指向プログラミングをマスターできたいまとなってみれば、H氏が言った「オブジェクト指向とは世界観である」というとらえ方も、「オブジェクト指向で最も重要なのは多態性である」という言葉の意味も理解できます。H氏は、オブジェクト指向プログラミングを現実世界のモデリングとしてとらえているのです。モデリングは、プログラマの世界観をプログラムで表すものです。プログラムの対象となる現実世界の業務や遊びをプログラムに置き換える世界観が、オブジェクト指向プログラミングのポイントだというわけです。

　多態性が最も重要なのは、もしも多態性を実現する仕組みがなかったら、世界観をプログラムで表すことのハードルが高くなるからです。本文で紹介したサンプルプログラムを例にすれば、2倍するという世界観をtwice( )という1つのメンバ関数で表したいわけです。intTwice( )とdblTwice( )では、世界観をそのまま表せません。

　筆者は、「オブジェクト指向とは、部品を組み合わせてプログラムを作成することであり、それはクラスを定義して使うだけで実現できる」と考えています。H氏のとらえ方に比べると、いかにも安易で情けないのですが、自分で実践するには、これが最良のとらえ方なのです。皆さんがオブジェクト指向プログラミングをどのようにとらえるかは、皆さん自身にお任せします。本書の中では、できる限り筆者の安易なとらえ方に偏らないでオブジェクト指向プログラミングを説明させていただきます。「世界観だ」という結論に達して実践できるようになったら、皆さんは自分のことをスゴイと思ってください。

第4章

カプセル化と
コンストラクタ

この章では、オブジェクト指向プログラミングの三本柱の1つであるカプセル化を実現する方法と、オブジェクトの作成時に自動的に呼び出されるコンストラクタ、およびオブジェクトが破棄されるときに自動的に呼び出されるデストラクタを説明します。カプセル化とは、クラスが持つメンバの一部を隠し、クラスをブラックボックス化することです。カプセル化の目的がプログラミングの効率化であることを理解してください。コンストラクタとデストラクタの目的も、プログラミングの効率化です。そもそもオブジェクト指向プログラミング自体の目的がプログラミングの効率化なのですから、さまざまなテクニックの目的が同じなのも当然のことです。

第4章 カプセル化とコンストラクタ

4-1 カプセル化

- アクセス指定子の種類と役割
- クラス図におけるアクセス指定子の表記方法
- カプセル化の目的と活用方法

4-1-1 アクセス指定子の種類と役割

第3章でクラスを定義する構文を説明したときに、クラスのブロックの中に**public:** というキーワードを指定しました。public: は、**アクセス指定子**と呼ばれます。アクセス指定子の機能はクラスのメンバに作用し、クラスを使う側からメンバが利用できるかどうかを決定します。public: は、メンバを利用できることを表します。publicの日本語訳は、「公開された」です。クラスを使う側にメンバが公開されている（＝利用できる）という意味です。

アクセス指定子は、それが記述された行以降のメンバに作用します。したがって、Fig 4-1のように定義されたEmployeeクラスのメンバ変数number、name、salary、およびメンバ関数showData()は、すべてpublic: となり、クラスを使う側（main()関数など）から利用できます。

> **ここがPoint**
> アクセス指定子は、クラスを使う側からメンバが利用できるかどうかを決定する

Fig 4-1
public: なメンバは公開される

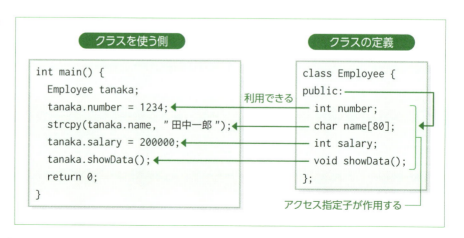

アクセス指定子はクラスを定義するブロックの中で指定し、メンバ関数を実装するコードではアクセス指定子を指定する必要はありません。たとえば、Employeeクラスのメンバ関数showData()には、クラスの定義でpublic:が指定されていますが、showData()を実装するコードには、以下のようにpublic:を指定しません。なぜでしょうか？ クラスの定義とメンバ関数の実装の両方にアクセス指定子を指定するという言語仕様では、プログラミングが面倒になってしまうからでしょう。

```
void Employee::showData() {
  cout << number << "¥n";
  cout << name << "¥n";
  cout << salary << "¥n";
}
```

❶ ここが Point
アクセス指定子には、public:、private:、protected:の3種類がある

C++で使えるアクセス指定子には、**public:**、**private:**、**protected:**の3種類があります（Fig 4-2）。この中でよく使われるのは、public:とprivate:の2つです。public:が指定されたメンバは、公開されます。private:が指定されたメンバは、非公開となります。public:とprivate:には、逆の意味があるわけです。privateを日本語に訳すと「私用の」となります。すなわち、クラスの中だけで（クラスが私用として）利用するメンバに指定するものとなります。

❶ ここが Point
public:が指定されたメンバは公開され、private:が指定されたメンバは非公開となる

Fig 4-2
C++で使える
アクセス指定子の種類

public ⋯⋯⋯⋯⋯⋯⋯ 公開された

private ⋯⋯⋯⋯⋯⋯ 私用の（非公開の）

protected ⋯⋯⋯⋯⋯ 保護された

1つのクラスの中で定義されているメンバごとに、異なるアクセス指定子を指定することができます。Employeeクラスの3つのメンバ変数にprivate:を指定し、メンバ関数showData()だけにpublic:を指定してみましょう。これによって、クラスを使う側は、メンバ変数を読み書きできなくなり（もしも読み書きするとコンパイル時にエラーとなります）、メンバ関数showData()だけを呼び出せるようになります。そんなことをするとEmployeeクラスが使いものにならなくなってしまいますが、ここでは、あくまでサンプルとして示します（Fig 4-3）。

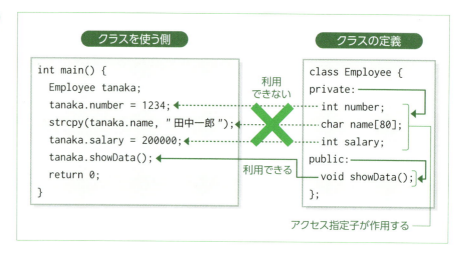

Fig 4-3 private:なメンバは非公開となる

ここが Point
アクセス指定子を省略すると、private:が指定されたとみなされる

アクセス指定子を省略することもできます。この場合にC++コンパイラは、private:が指定されたとみなします。すなわち、アクセス指定子のデフォルトは、private:です。したがって、Fig 4-3に示したEmployeeクラスの定義は、以下のように記述することもできます。3つのメンバ変数にアクセス指定子が指定されていませんが、private:が指定されているのと同じことになります。

```
class Employee {
  int number;
  char name[80];
  int salary;
public:
  void showData();
};
```

ここが Point
protected:が指定されたメンバは、クラスの使われ方に応じてpublic:またはprivate:になる

ここが Point
オブジェクトを作ってクラスを使う場合にはprotected:はprivate:と同じ意味になり、継承してクラスを使う場合にはprotected:はpublic:と同じ意味になる

メンバを公開するか非公開にするかをpublic:、またはprivate:で指定するわけですが、もう1つのアクセス指定子である**protected:**とは何でしょう？protectedを日本語に訳すと「保護された」となります。保護された……とは、ますますわからなくなりますね。

答えをお教えしましょう。**protected:は、クラスの使われ方に応じてpublic:、またはprivate:のいずれかになる**のです。これまで、クラスは、クラスをデータ型としたオブジェクトを宣言して使うものだと説明してきましたが、もう1つ使い方があります。それは、クラスAを**継承**して新しいクラスBを定義するという使い方です。この場合には、クラスBがクラスAを継承という形で使っていることになります。継承が何であるかは、次の章で説明します。protected:は、

クラスのオブジェクトを作って使うならprivate:と同じ意味になり、クラスを継承して使うならpublic:と同じ意味になります（Fig 4-4）。

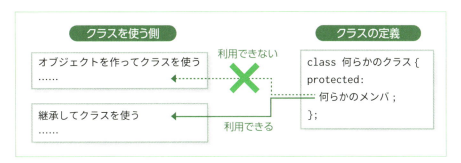

Fig 4-4
protected:の意味はクラスの使われ方によって異なる

メンバを利用できるかどうかをpublic:（利用できる）とprivate:（利用できない）の2つに分けるだけでも十分なのですが、クラスの使い方によって意味が変わるprotected:（オブジェクトを作るなら利用できない／継承するなら利用できる）があったほうが便利だろうと、C++の設計者は考えたわけです。

この考え方は、C++に限らずオブジェクト指向プログラミングで一般的なものとなっています。たとえば、UMLの**クラス図**にメンバを書き添える場合は、Fig 4-5のように四角形を3つの領域に分け、上段にクラス名、中段にメンバ変数、下段にメンバ関数を書きます。**各メンバの前には、public:を表す＋記号、private:を表す－記号、またはprotected:を表す＃記号のいずれかを付加できます。**

> **ここが Point**
> UMLのクラス図では、public:を＋、private:を－、protected:を＃で表す

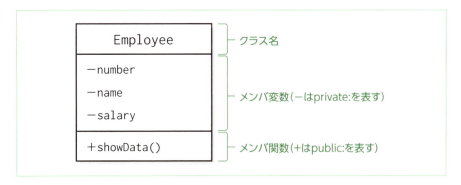

Fig 4-5
UMLのクラス図におけるアクセス指定子

4-1-2 カプセル化の目的

アクセス指定子がないプログラミング言語では、プログラムの中に存在する変数や関数が、プログラムの他の部分から常に利用できることになります。アクセス指定子のメリットは、特定のメンバ変数やメンバ関数を利用できなくすることにあります。すなわち、**クラスの利用者にとって直接利用する必要のないメンバを隠すのです。** メンバを隠すことを**カプセル化**と呼びます。カプセル化は、オブジェクト指向プログラミングの三本柱の1つです。カプセル化が何の役に立つのか、どのような場面でカプセル化を行えばよいのかは、オブジェクト指向プログラミングのとらえ方によってさまざまです。

まず、「オブジェクト指向プログラミングとは、部品を組み合わせてプログラムを作成することだ」というとらえ方に照らし合わせてみましょう。クラスが部品に相当するわけです。部品は、利用者にとって使いやすいものでなければなりません。10個のメンバ変数と20個のメンバ関数を持ったクラスがあったとしましょう。合計30個のメンバがすべてpublic:で公開されていたら、利用者は、どのメンバをどのように使えばよいのか混乱してしまいます。機能が多すぎる部品は使いづらいのです。部品の機能を実現するためには、10個のメンバ変数と20個のメンバ関数が必要ですが、部品を使う側からは、2個のメンバ変数と3個のメンバ関数だけが利用できれば十分だとしましょう。この場合には、使ってほしい合計5個のメンバだけをpublic:にして、残りの25個のメンバをprivate:で隠します。こうすれば、使いやすい部品になります（Fig 4-6）。

> **ここがPoint**
> カプセル化とは、クラスの利用者に価値のないメンバを隠すことである

Fig 4-6 利用者にとって不要なメンバをカプセル化する

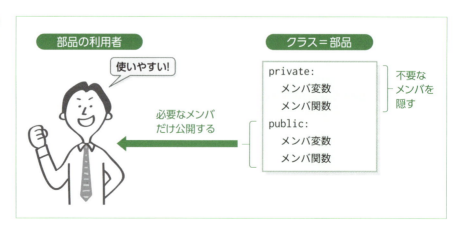

次に、「オブジェクト指向プログラミングとは、現実世界の**モデリング**だ」というとらえ方に照らし合わせてみましょう。現実世界には、さまざまなモノが存在しますが、そのモノの中で、使う人に見せるべきものと見せる必要のないものが明確に区別されている場合がよくあります。たとえば、テレビのリモコンは、その好例でしょう。リモコンの中には、さまざまな機能が組み込まれているはずですが、リモコンを使う人には、チャンネルや音量を設定する数種類のボタンしか見えないようになっています。すなわち、内部の機能はprivate:でカプセル化され、ボタンだけがpublic:で公開されていることになります。このようなモノをモデリングするときには、必然的にprivate:とpublic:を切り分けて指定することになります（Fig 4-7）。

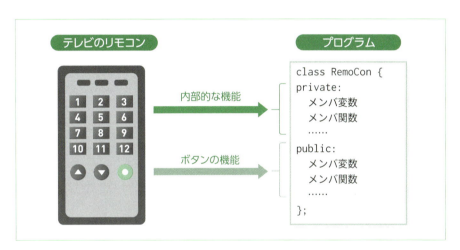

Fig 4-7
現実世界のモノでも
カプセル化が
行われている

最後に、「オブジェクト指向プログラミングとは、オブジェクト間の**メッセージパッシング**によってプログラムの動きを表すものだ」というとらえ方に照らし合わせてみましょう。すぐ後でサンプルプログラムを示しますが、これは、メンバ変数をprivate:で隠し、そのメンバ変数を読み書きするためのメンバ関数をpublic:で公開する場合です。

クラスのオブジェクトを作る場合には、クラスを使う側がオブジェクトのメンバ変数を読み書きするか、オブジェクトのメンバ関数を呼び出すことで、クラスを利用します。メンバ関数を呼び出すことはメッセージパッシングですが、メンバ変数を読み書きすることはメッセージパッシングになりません。メンバ変数に値が書き込まれたり、メンバ変数の値が読み出されたりすることをオブジェクトは検知できないからです。

第 **4** 章 カプセル化とコンストラクタ

ここがPoint

メンバ変数をprivate:で隠し、それを読み書きするメンバ関数をpublic:で公開すれば、メッセージパッシングが成り立つ

　　メンバ変数をprivate:で隠し、そのメンバ変数を読み書きするためのメンバ関数をpublic:で公開すれば、クラスを使う側がメンバ変数を読み書きしようとしたことをオブジェクトが検知できます。すなわち、メッセージパッシングが成り立つことになります。

　　そうすることが最良とは言い切れませんが、オブジェクト指向プログラマの多くは、クラスが持つすべてのメンバ変数にprivate:を指定し、メンバ変数を読み書きするメンバ関数をpublic:で用意します。ちょっと面倒なプログラミングになりますが、メッセージパッシングにこだわるなら、これが正しい手法なのです。

4-1-3　カプセル化活用の2つのパターン

　　カプセル化を行うサンプルプログラムを作ってみましょう。カプセル化を活用するには、大きく分けて2つのパターンがあります。1つは、private:を指定してメンバ変数をカプセル化することです。もう1つは、private:を指定してメンバ関数をカプセル化することです（Fig 4-8）。

Fig 4-8
カプセル化活用の
2つのパターン

パターン1 メンバ変数をカプセル化する

```
class MyClass {
private:
    メンバ変数 ;
};
```

パターン2 メンバ関数をカプセル化する

```
class MyClass {
private:
    メンバ関数 ();
};
```

　　private:を指定してメンバ変数をカプセル化するのは、先ほど説明したメッセージパッシングを成り立たせるためです。List 4-1を見てください。これは、

4-1 カプセル化

書籍を表すBookクラスの定義、メンバ関数の実装、およびクラスを使う側のコードです。

Bookクラスのpageというメンバ変数は、ページ数を表します。getPage()とsetPage()というメンバ関数は、pageを読み書きするためのものです。pageにはprivate:が指定され、getPage()とsetPage()にはpublic:が指定されているので、Bookクラスを使う側がpageの値を読み書きする場合には、間接的にgetPage()またはsetPage()を使うことになります。

getPage()の処理内容は、pageの値を返すだけです。setPage()の処理内容に注目してください。引数に与えられた数値をpageに代入するようになっていますが、引数の値が1～1,000の範囲にない場合は代入を行わず、エラーメッセージを表示するようになっています。

メンバ変数を隠し、それを読み書きするためのメンバ関数を公開するのは、メッセージパッシングを実現するためだと説明しましたが、それに加えて、**メンバ変数に不適切な値が書き込まれることを防ぐ効果もある**のです。pageのデータ型はint型なので、マイナスや数万の値を保持できるようになっています。しかし、それでは本というモノとして不自然になってしまうので（-100ページの本や3万ページの本は現実世界にないでしょう）、カプセル化して適切な値しか代入できないようにしているのです。

❶ ここが Point

カプセル化によって、メンバ変数に不適切な値が書き込まれることを防ぐことができる

List 4-1
メンバ変数を保護するカプセル化

```cpp
#include <iostream>
using namespace std;

// クラスの定義
class Book {
private:
  int page;

public:
  int getPage();
  void setPage(int p);
};

// メンバ関数の実装
int Book::getPage() {
  return page;
}

void Book::setPage(int p) {
  if ((p >= 1) && (p <= 1000)) {
```

99

第 **4** 章 カプセル化とコンストラクタ

```cpp
      page = p;
    }
    else {
      cout << "1 ～ 1000を設定してください！" << "¥n";
    }
}

// クラスを使う側のコード
int main() {
  Book bk;

  // メンバ変数に適切な値を代入する
  bk.setPage(123);

  // メンバ変数の値を表示する
  cout << bk.getPage() << "¥n";

  // メンバ変数に不適切な値を代入する
  bk.setPage(30000);

  // メンバ変数の値を表示する
  cout << bk.getPage() << "¥n";

  return 0;
}
```

List 4-1の実行結果

```
123
1 ～ 1000を設定してください！
123
```

ここがPoint

クラスを使う側に不要なメンバを隠すことで、クラスが部品として使いやすくなる

　private: を指定したメンバ関数のカプセル化の目的は、**クラスを使う側に不要なメンバ関数を見せないようにして、クラスを部品として使いやすくすること**にあります。

　List 4-2は、2次方程式の解を返すquadratic() というメンバ関数（quadraticは、2次という意味）をpublic: で公開したSimpleMathクラスの定義、メンバ関数の実装、およびクラスを使う側のコードです。SimpleMathクラスには、2次方程式の解を求める途中で使われるtempCalc() というメンバ関数もありますが、クラスを使う側に公開する必要がないのでprivate: を指定してカプセル化しています。このようなカプセル化は、**ブラックボックス化**と呼ぶべきものでしょう。カプセルに入れて保護するのではなく、ブラックボックスの中に隠すことが目的だ

100

4-1 カプセル化

からです。

List 4-2
メンバ関数を隠す
カプセル化

```cpp
#include <iostream>
#include <cmath>
using namespace std;

// クラスの定義
class SimpleMath {
private:
  double tempCalc(double a, double b, double c);

public:
  bool quadratic(double a, double b, double c, double *x1,
                                               double *x2);
};

// メンバ関数の実装
bool SimpleMath::quadratic(double a, double b, double c,
                                      double *x1, double *x2) {
  double temp;

  temp = tempCalc(a, b, c);
  if (temp < 0) {
    return false;     // 解なし
  }
  else {
    *x1 = (-b + sqrt(temp) ) / ( 2 * a);
    *x2 = (-b - sqrt(temp) ) / ( 2 * a);
    return true;      // 解あり
  }
}

double SimpleMath::tempCalc(double a, double b, double c) {
  return b * b - 4 * a * c;
}

// クラスを使う側のコード
int main() {
  SimpleMath sm;
  double x1, x2;

  // 2次方程式の解を求める
  if (sm.quadratic(3, 10, 7, &x1, &x2) == true) {
    cout << "x1 = " << x1 << "¥n";
    cout << "x2 = " << x2 << "¥n";
```

101

第 **4** 章 カプセル化とコンストラクタ

```
  }
  else {
    cout << "解なし\n";
  }

  return 0;
}
```

List 4-2 の実行結果

```
x1 = -1
x2 = -2.33333
```

2次方程式の解の公式は、中学校で学んだはずです。遠い昔のことなので忘れてしまったという人のために、Fig 4-9に公式を示しておきます。この公式のルートの中の計算が、SimpleMathクラスのメンバ関数tempCalc()で行われています。tempCalc()の戻り値がマイナスなら、解なし（虚数解）となります。

Fig 4-9
2次方程式の解の公式

2次方程式の一般形

$$ax^2 + bx + c = 0$$

解の公式

$$x = \frac{-b \pm \sqrt{b^2 - 4ac}}{2a}$$

皆さんがオリジナルのクラスを定義するときには、メンバをカプセル化するかどうか決めなければなりません。どのような理由でカプセル化を行うかは、オブジェクト指向プログラミングをどうとらえるかで決まることです。「カプセル化なんて面倒だ！」と思うなら、すべてのメンバをpublic:で公開してください。それによってプログラムが動かなくなることはありません。いずれ「すべてのメンバがpublic:では困る！」という問題に遭遇すれば、自然とカプセル化を活用できるようになるはずです。

4-2　コンストラクタとデストラクタ

コンストラクタとデストラクタ

4-2

- ▶ コンストラクタの役割と記述方法
- ▶ コンストラクタをオーバーロードする目的
- ▶ デストラクタの役割と記述方法

4

4-2-1　コンストラクタの定義

❗ ここが Point

コンストラクタは、オブジェクトが作成されるときに自動的に呼び出される特殊なメンバ関数である

❗ ここが Point

コンストラクタでは、何らかの初期化処理を行う

❗ ここが Point

コンストラクタは、クラス名と同じ名前の戻り値を持たないメンバ関数として定義する

　コンストラクタは、クラスの中に定義できる特殊なメンバ関数です。**コンストラクタ (constructor)** は、日本語で「構築子」と訳されます。この言葉は、コンストラクタの役割を表しています。**コンストラクタは、クラスのオブジェクトがメモリ上に作成されるとき、すなわちオブジェクトが構築されるタイミングで自動的に呼び出されるメンバ関数です。**

　クラスのオブジェクトがメモリ上に作成されるときに呼び出されるということから、**コンストラクタは、何らかの初期化処理を行うためのメンバ関数**となります。コンストラクタで初期化処理を済ませてオブジェクトをすぐに利用できるようにすれば、オブジェクトが使いやすくなり、プログラミングが効率化されます。

　コンストラクタには、自動的に呼び出されるという以外にも、もう1つ特殊なことがあります。それは、**コンストラクタは、クラス名と同じ名前のメンバ関数として定義し、戻り値の型を指定しない（voidも指定しない）**ということです。この特殊な命名方法によって、C++コンパイラがコンストラクタを識別でき、それを自動的に呼び出すコードをコンパイル時に生成できるのです。

　コンストラクタを使ったサンプルプログラムをお見せしましょう。次のページのList 4-3は、これまで何度も例にあげてきたEmployeeクラスにコンストラクタを追加し、その効果を確認するプログラムです。Employeeクラスのコンストラクタは、Employee()という名前のメンバ関数になります。自動的に呼び出されるとはいえ、コンストラクタにはアクセス指定子としてpublic:を指定します。

　コンストラクタは、メンバ関数の一種なので、定義と実装を分けて記述するこ

103

第**4**章 カプセル化とコンストラクタ

とも、インライン関数として記述することもできます。List 4-3では、定義と実装を分けています。コンストラクタの中では、Employeeクラスが持つ3つのメンバ変数に初期値を代入しています。これによって、もしもクラスの利用者がEmployeeクラスのオブジェクトの作成直後にメンバ関数showData()を呼び出しても大丈夫なことになります。もしも、コンストラクタがない状態のEmployeeクラスだったら、オブジェクト作成直後にメンバ関数showData()を呼び出すと、ゴミデータが表示されることになってしまいます。

　Employeeクラスを使う側のmain()関数の中では、直接コンストラクタを呼び出していないことに注目してください。コンストラクタは、Employee someone;が実行され、メモリ上にオブジェクトが作成されたときに自動的に呼び出されます。

List 4-3
コンストラクタで
初期化処理を行う

```cpp
#include <iostream>
#include <cstring>
using namespace std;

// クラスの定義
class Employee {
public:
  int number;          // 社員番号
  char name[80];       // 氏名
  int salary;          // 給与
  void showData();     // メンバ変数の値を表示する
  Employee();          // コンストラクタ
};

// メンバ関数の実装
void Employee::showData() {
  cout << number << "¥n";
  cout << name << "¥n";
  cout << salary << "¥n";
}

// コンストラクタの実装
Employee::Employee() {
  number = 0;
  strcpy(name, "未設定");
  salary = 150000;
}

// クラスを使う側のコード
```

104

4-2 コンストラクタとデストラクタ

```
int main() {
  // オブジェクトを作成する
  Employee someone;

  // メンバ関数を呼び出す
  someone.showData();

  return 0;
}
```

List 4-3の実行結果

```
0
未設定
150000
```

ここがPoint
コンストラクタには、メンバ変数を初期化する処理を記述するのが一般的である

コンストラクタの中で何をしてもかまいませんが、**メンバ変数に適切な初期値（デフォルト値）を代入する処理を行うのが一般的**です。メンバ変数が100個あるクラスを想像してみてください。コンストラクタがない場合は、クラスを利用する側がオブジェクトを作成してから、次の処理として100個のメンバ変数に適切な初期値を代入し、それからようやく何らかのメンバ関数を呼び出せることになります。メンバ変数の値が不定のままでは、メンバ関数が正しく動作するかどうか心もとないからです。これでは、あまりにも非効率的でしょう。**コンストラクタは、オブジェクト指向プログラミングの目的であるプログラミングの効率化を実現するものなのです**（Fig 4-10）。

ここがPoint
コンストラクタは、プログラミングの効率化を実現する

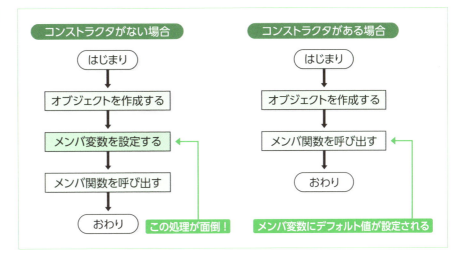

Fig 4-10 コンストラクタはプログラミングの効率化を実現する

第 4 章　カプセル化とコンストラクタ

　オブジェクト指向プログラミングを現実世界のモデリングととらえる場合でも、コンストラクタは有用なものです。たとえば、メモリ上にEmployeeクラスのオブジェクトが作られるということは、現実世界では従業員が1名入社した直後に相当します。新しく入社する従業員の社員番号（number）と氏名（name）は未定でも、初任給（salary）が150,000円に決まっているなら、コンストラクタが活用できます（Fig 4-11）。

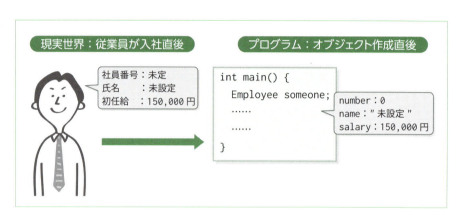

Fig 4-11
コンストラクタは現実世界のモデリングを実現する

　コンストラクタと反対の機能を持ったデストラクタ（destructor＝消滅子）というものもあります。デストラクタは、オブジェクトがメモリから破棄されるタイミングで自動的に呼び出される特殊なメンバ関数です。デストラクタに関しては、この章の最後で説明します。

4-2-2　コンストラクタのオーバーロード

　コンストラクタは、クラスと同じ名前で戻り値のデータ型を指定しないpublic:なメンバ関数です。コンストラクタには、引数があってもなくてもかまいません。List 4-3では、引数のないコンストラクタを使いました。**引数を持つコンストラクタを定義する場合は、メンバ変数の初期値を引数で受け取るスタイルにするのが一般的**です。以下は、Employeeクラスのコンストラクタに、3つの引数を持たせたものです。

> **ここがPoint**
> コンストラクタに引数を持たせる場合は、引数の値でメンバ変数を初期化するのが一般的である

4-2　コンストラクタとデストラクタ

```
// クラスの定義
class Employee {
public:
  Employee(int nu, const char *na, int sa);
    ⋮
};

// コンストラクタの実装
Employee::Employee(int nu, const char *na, int sa) {
  number = nu;
  strcpy(name, na);
  salary = sa;
}
```

ここが Point

引数を持つコンストラクタを呼び出すには、オブジェクトの宣言時に引数を指定する

　クラスをデータ型とした変数を宣言してオブジェクトを作成するときに、**引数を持つコンストラクタを呼び出したい場合には、以下のようにオブジェクト名**（ここではtanaka）**の後にカッコで囲んで引数を指定します。**

```
// 引数を持つコンストラクタを呼び出す
Employee tanaka(1234, "田中一郎", 200000);
```

ここが Point

コンストラクタをオーバーロードすることができる

　コンストラクタは関数の一種なので、**オーバーロード**を行うことができます。すなわち、1つのクラスに同じ名前で引数の異なる複数のコンストラクタを定義できるのです。このようにすると、ますますクラスが使いやすいものとなります。面倒くさがりの利用者なら、引数のないコンストラクタを使って、デフォルト値でメンバ変数を初期化してからオブジェクトを使えます。コツコツと地道な利用者なら、引数のあるコンストラクタを使って、任意の値でメンバ変数を初期化してからオブジェクトを使えます。

　List 4-4は、Employeeクラスに引数のないコンストラクタと引数を3つ持つコンストラクタを定義し、それらの使い方を示したプログラムです。さまざまな利用者に便利に使ってもらえるクラスを作るには、引数のないコンストラクタと引数を持つコンストラクタをオーバーロードして定義することをお勧めします。

List 4-4
2通りにオーバーロードされたコンストラクタ

```
#include <iostream>
#include <cstring>
using namespace std;

// クラスの定義
class Employee {
```

107

第 4 章 カプセル化とコンストラクタ

```cpp
public:
  int number;              // 社員番号
  char name[80];           // 氏名
  int salary;              // 給与
  void showData();         // メンバ変数の値を表示する
  Employee();              // 引数のないコンストラクタ
  Employee(int nu, const char *na, int sa); // 引数を持つコンストラクタ
};

// メンバ関数の実装
void Employee::showData() {
  cout << number << "¥n";
  cout << name << "¥n";
  cout << salary << "¥n";
}

// 引数のないコンストラクタの実装
Employee::Employee() {
  number = 0;
  strcpy(name, "未設定");
  salary = 150000;
}

// 引数を持つコンストラクタの実装
Employee::Employee(int nu, const char *na, int sa) {
  number = nu;
  strcpy(name, na);
  salary = sa;
}

// クラスを使う側のコード
int main() {
  // 引数のないコンストラクタを呼び出す
  Employee someone;

  // メンバ関数を呼び出す
  someone.showData();

  // 引数を持つコンストラクタを呼び出す
  Employee tanaka(1234, "田中一郎", 200000);

  // メンバ関数を呼び出す
  tanaka.showData();

  return 0;
}
```

List 4-4の実行結果

```
0
未設定
150000
1234
田中一郎
200000
```

クラスにコンストラクタを定義することも、コンストラクタをオーバーロードすることも、オブジェクト指向プログラミングに必須のテクニックではありません。とはいえ、コンストラクタがあれば、クラスが使いやすくなり、効率的なプログラミングを実現できます。

「コンストラクタなんて面倒だ！」と思うなら、クラスにコンストラクタを定義しなくてもかまいません。カプセル化と同じく、それによってプログラムが動かなくなるわけではありません。いずれ「やっぱりコンストラクタがあったほうが便利だ！」という問題に遭遇すれば、自然とコンストラクタを活用できるようになるはずです。

4-2-3 デストラクタ

⚠ ここがPoint
デストラクタは、オブジェクトがメモリから破棄されるときに自動的に呼び出される特殊なメンバ関数である

⚠ ここがPoint
デストラクタは、クラス名の前にチルダ（~）を付けた名前にする

⚠ ここがPoint
デストラクタは、引数と戻り値を持たない

⚠ ここがPoint
デストラクタは、オーバーロードできない

デストラクタは、オブジェクトがメモリから破棄されるときに自動的に呼び出される特殊なメンバ関数です。デストラクタは、**クラス名の前にチルダ（~）を付けた名前**（Employeeクラスのデストラクタなら~Employee( )）で、引数を持たず戻り値も持たない（voidも指定しない）、public:なメンバ関数として定義します。引数を持たないことから、**デストラクタをオーバーロードすることはできません**。

オブジェクトがメモリから破棄されるときに自動的に呼び出されることから、**デストラクタの処理として、何らかの終了処理を記述することができます**。終了処理としては、動的に取得したメモリの解放や、ファイルのクローズなどが考えられますが、そのような処理を必ずデストラクタで行わなければならないわけではありません。むしろデストラクタで行わないほうがよいでしょう。メモリの解放やファイルのクローズは、デストラクタ以外の通常のメンバ関数の処理として行ったほうが、プログラムがわかりやすくなるからです。

オブジェクトがメモリから破棄されるタイミングは、プログラムが終了すると

第 **4** 章 カプセル化とコンストラクタ

ここが Point

デストラクタには、何らかの終了処理を記述する

きか、オブジェクトが宣言された関数を抜けるときか、**new演算子**で作成されたオブジェクトが**delete演算子**で破棄されるときです（new演算子とdelete演算子に関しては、第8章で説明します）。たとえば、以下のようにmyFunc()関数の中で作成されたMyClassクラスのオブジェクトobjは、myFunc関数の処理を抜ける時点でメモリから破棄されます。これは、単純なローカル変数が破棄されるタイミングと同じです。

```
void myFunc() {
  MyClass obj;    // ここでオブジェクトが作成される
   ⋮
                  // ここでオブジェクトが破棄される
}
```

List 4-5は、メンバ変数number、コンストラクタ、およびデストラクタを持つMyClassクラスを定義し、コンストラクタとデストラクタが呼び出されるタイミングを確認するプログラムです。

MyClassクラスのデストラクタは、~MyClass()というメンバ関数になります。MyClassクラスのオブジェクトは、myFunc()関数とmain()関数の中で1つずつ作成され、メンバ変数numberにオブジェクトを識別する番号が代入されます。コンストラクタとデストラクタの処理は、それらが呼び出されたことを示すメッセージを画面に表示するだけです。

List 4-5
コンストラクタと
デストラクタが
呼び出されるタイミング
を確認する

```
#include <iostream>
using namespace std;

// クラスの定義
class MyClass {
public:
  int number;     // メンバ変数
  MyClass();      // コンストラクタ
  ~MyClass();     // デストラクタ
};

// コンストラクタの実装
MyClass::MyClass() {
  cout << "コンストラクタが呼び出されました！¥n";
}

// デストラクタの実装
```

110

4-2 コンストラクタとデストラクタ

```
MyClass::~MyClass() {
  cout << "オブジェクト" << number;
  cout << "のデストラクタが呼び出されました！¥n";
}

// クラスを使う側のコード
void myFunc() {
  MyClass obj1;     // ここでオブジェクトが作成される
  obj1.number = 1;

  // ここでオブジェクトが破棄される
}

int main() {
  myFunc();
  MyClass obj2;     // ここでオブジェクトが作成される
  obj2.number = 2;

  return 0;         // ここでオブジェクトが破棄される
}
```

　プログラムを実行してみましょう。main()関数からmyFunc()関数が呼び出されます。myFunc()関数の中では、MyClassクラスのオブジェクトobj1が作成されたタイミングでコンストラクタが呼び出されて、「コンストラクタが呼び出されました！」というメッセージが表示されます。その後でメンバ変数numberに1が代入されます。myFunc()関数を抜けるタイミングでobj1がメモリから破棄され、この時点でデストラクタが呼び出されて、「オブジェクト1のデストラクタが呼び出されました！」というメッセージが表示されます。main()関数の中でもMyClassクラスのオブジェクトobj2を作成していますが、これは、プログラムが終了するタイミング（main()関数の終了時）で破棄されて、その時点でデストラクタが呼び出されます。List 4-5の実行結果をよく見て、コンストラクタとデストラクタが呼び出されるタイミングを確認してください。

List 4-5の実行結果

```
コンストラクタが呼び出されました！
オブジェクト1のデストラクタが呼び出されました！
コンストラクタが呼び出されました！
オブジェクト2のデストラクタが呼び出されました！
```

第 **4** 章 カプセル化とコンストラクタ

ここが Point

コンストラクタとデストラクタは、明示的に呼び出すことができない

コンストラクタとデストラクタは、自動的に呼び出されるものであり、明示的に呼び出せないことに注意してください。たとえば、以下のようなコードは、コンパイル時にエラーとなります。

```
MyClass obj;        // オブジェクトを作成する
obj.MyClass();      // コンストラクタを呼び出す……エラーになる！
obj.~MyClass();     // デストラクタを呼び出す……エラーになる！
```

コンストラクタは便利なものですから、大いに活用してください。デストラクタは、それがC++の機能として存在することを覚えておくだけで十分です。デストラクタを使う必要がある状況には、滅多に遭遇しないはずです。筆者のプログラミングの経験上でも、ほとんどデストラクタを使ったことがありません。

確認問題

Q1 以下の説明に該当する言葉または表記を選択肢から選んでください。

(1) オブジェクトの作成時に呼び出される特殊なメンバ関数

(2) オブジェクトが破棄されるときに呼び出される特殊なメンバ関数

(3) メンバを利用できることを示すアクセス指定子

(4) メンバを利用できないことを示すアクセス指定子

(5) クラス図でメンバが利用できないことを示す記号

選択肢

ア public	イ －	ウ ＋		エ コンストラクタ
オ private	カ ＃	キ デストラクタ		ク インライン関数

Q2 以下のプログラムの空欄に適切な語句や演算子を記入してください。

```
// 本を表すBookクラスの定義
class Book {
// メンバ変数を非公開にする
[    (1)    ]:
  int page;

// メンバ関数を公開する
[    (2)    ]:
  int getPage();
  void setPage(int p);
  Book(int pg);
};

// Bookクラスのコンストラクタの実装
Book::Book(int pg) {
  [    (3)    ] = pg;
}
```

解答は **300ページ** にあります。

113

COLUMN

GoFデザインパターンからオブジェクト指向活用のポイントを知る

　GoFデザインパターンは、オブジェクト指向プログラミングを効果的に活用するためのアイデアを集めたものです。GoF（ゴフ）は、Gang of Four（4人の仲間たち）の略であり、アイデアを持ち寄った米国の4人のITエンジニアを意味しています。GoFデザインパターンは、1995年に『Design Patterns : Elements of Reusable Object-Oriented Software』（邦題『オブジェクト指向における再利用のためのデザインパターン』）という本にまとめられ、現在では、デザインパターンのスタンダード的な存在になっています。

　GoFデザインパターンには、以下に示した23種類のパターンがあり、それぞれAdapterやBridgeというタイトルが付けられています（カッコ内の和訳は、筆者が付けたものです）。すべてのパターンが、「構造に関するパターン」「生成に関するパターン」「振る舞いに関するパターン」の3つのグループに分類されていることに注目してください。このことから、オブジェクト指向プログラミングを効果的に活用するポイントは、構造、生成、振る舞いの3つであることがわかります。

●構造に関するパターン
・Adapter（接続装置）　　　　　　　　　・Bridge（橋）
・Composite（合成物）　　　　　　　　　・Decorator（装飾者）
・Facade（建物の正面）　　　　　　　　　・Flyweight（軽量級）
・Proxy（代理人）

●生成に関するパターン
・Abstract Factory（抽象的な工場）　　　・Factory Method（工場メソッド）
・Builder（構築者）　　　　　　　　　　・Prototype（試作品）
・Singleton（一人っ子）

●振る舞いに関するパターン
・Chain of Responsibility（責任の連鎖）　・Command（命令）
・Interpreter（通訳）　　　　　　　　　・Iterator（列挙者）
・Mediator（調停者）　　　　　　　　　・Memento（形見）
・Observer（観察者）　　　　　　　　　・State（状態）
・Strategy（戦略）　　　　　　　　　　・Template Method（雛形メソッド）
・Visitor（訪問者）

　本書で学習した知識があれば、GoFデザインパターンを理解できます。たとえば、生成に関するパターンのSingletonは、コンストラクタにprivateを指定することで、オブジェクトを作れる数を制限するというアイデアです。

第5章 クラスの継承

クラスの継承

この章では、本書のタイトルにも掲げられ、オブジェクト指向プログラミングの三本柱の1つでもある継承の基本を説明します。継承の目的も、プログラミングの効率化です。継承を表す言語構文を覚えるだけでなく、なぜ継承によってプログラミングが効率化されるのかを理解してください。継承を使いこなせるようになれば、皆さんも本格的なオブジェクト指向プログラマの仲間入りです。継承は、C++を使ったオブジェクト指向プログラミングのキモと呼べるものだからです。後の章で継承に関する高度なテクニックが続々と登場します。この章で継承の基本をしっかりマスターしておきましょう。

第 **5** 章　クラスの継承

5-1　クラスを継承するとは？

- ▶ 継承の意味と構文
- ▶ protectedの機能と活用方法
- ▶ 継承におけるアクセス指定子の役割

5-1-1　継承というクラスの使い方

「クラスを定義すること」と「クラスを使うこと」が、オブジェクト指向プログラミングのベースとなるプログラミングスタイルです。クラスを使う方法は、大きく分けて2通りあります。1つは、これまでに行ってきたように、クラスをデータ型とした変数を宣言してクラスのコピー（＝オブジェクト）をメモリ上に作成し、メンバの機能を利用することです。たとえば、これまで例にあげてきたEmployeeクラスのメンバ関数showData()を利用する場合は、以下のようにします。

```
// クラスをデータ型とした変数を宣言する
Employee tanaka;
        ⋮
// メンバ関数を利用する
tanaka.showData();
```

❗ここが Point

クラスには、オブジェクトを作ることと継承することの2通りの使い方がある

クラスのもう1つの使い方は、既存のクラスを継承して新しいクラスを定義することです。たとえば、Employeeクラスを継承してSalesman（営業マンを表すと考えてください）を定義する場合は、以下のようにします。

```
class Salesman : public Employee {
    // メンバの定義
};
```

116

5-1　クラスを継承するとは？

　　Salesmanクラスを定義するclass Salesmanの後に：public Employeeと記述して
いる部分に注目してください。このコロン（:）は、継承を意味します。publicは
継承のスタイルを指定するアクセス指定子です（詳細は後で説明します）。
Employeeは、継承元となるクラスです。

● ここが Point

継承とは、既存のクラス
のメンバを引き継いで新
たなクラスを定義するこ
とである

　　継承とは、文字どおり「引き継ぐ」という意味です。何を引き継ぐのかといえ
ば、先の例ではEmployeeクラスの中で定義されているメンバが、Salesmanク
ラスのメンバとして引き継がれます。したがって、Salesmanクラスの定義の中
に何もメンバを記述しなかったとしても、Salesmanクラスの中にEmployeeクラ
スのすべてのメンバが記述されているのと同じになるのです。サンプルプログラ
ムを作って、実際に試してみましょう。

　　List 5-1は、number、name、salary、showData()という4つのメンバを持つ
Employeeクラスと、Employeeクラスを継承したSalesmanクラスを定義したものです。
main()関数では、Salesmanクラスのオブジェクトtanakaを宣言して使っています。
Salesmanクラスには、Employeeクラスの4つのメンバが継承されて（引き継がれて）
いるので、それらをSalesmanクラスの所有物として使えることに注目してください。

List 5-1

Employeeクラスを
継承した
Salesmanクラス

```cpp
#include <iostream>
#include <cstring>
using namespace std;

// Employeeクラスの定義
class Employee {
public:
  int number;         // 社員番号
  char name[80];      // 氏名
  int salary;         // 給与

  void showData();    // メンバ変数の値を表示する
};

// Employeeクラスのメンバ関数の実装
void Employee::showData() {
  cout << number << "¥n";
  cout << name << "¥n";
  cout << salary << "¥n";
}

// Salesmanクラスの定義
class Salesman : public Employee {
  // メンバなし
```

117

第 5 章 クラスの継承

```cpp
};

// クラスを使う側のコード
int main() {
    // Salesmanクラスのオブジェクトを作成する
    Salesman tanaka;

    // Salesmanクラスのメンバを利用する
    tanaka.number = 1234;
    strcpy(tanaka.name, "田中一郎");
    tanaka.salary = 200000;
    tanaka.showData();

    return 0;
}
```

List 5-1 の実行結果

```
1234
田中一郎
200000
```

ここが Point

継承元となるクラスを
「基本クラス」と呼び、
継承先となるクラスを
「派生クラス」と呼ぶ

　ここで重要な用語を覚えてください。継承を行う場合に、**継承元となるクラス**のことを**基本クラス**と呼び、継承先となるクラスのことを**派生クラス**と呼びます。List 5-1では、Employeeクラスが基本クラスであり、Salesmanクラスが派生クラスです。コンピュータ業界では、同じことをさまざまな用語で呼ぶ場合がよくあります。基本クラスは、**基底クラス**、**ベースクラス**、**スーパークラス**、**親クラス**とも呼ばれます。派生クラスは、**サブクラス**や**子クラス**とも呼ばれます。本書では、「基本クラス」と「派生クラス」という呼び方を使います（Fig 5-1）。

Fig 5-1
クラスを継承する構文

class 派生クラス名 ： 継承のアクセス指定子 基本クラス名 {
メンバのアクセス指定子：
　　派生クラスで追加するメンバ変数 ；
　　派生クラスで追加するメンバ関数 ()；
　　……

};

　派生クラスの定義でメンバを追加した場合には、派生クラスが持つメンバは、基本クラスのメンバと追加されたメンバを合わせたものとなります。たとえば、

Fig 5-2のようにSalesmanクラスの定義で、売上を意味するsalesというメンバ変数を記述すると、Salesmanクラスが持つメンバは、number、name、salary、showData()、およびsalesの5つとなります。

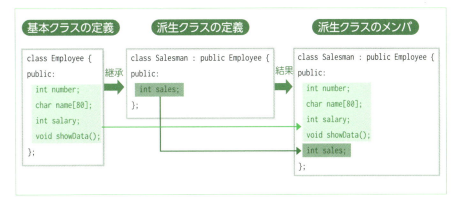

Fig 5-2
派生クラスのメンバ＝
基本クラスのメンバ＋
派生クラスで追加された
メンバ

Fig 5-2のSalesmanクラスのオブジェクトを作成し、メンバ関数showData()を呼び出すとどうなるでしょう？ showData()は基本クラスで定義されたメンバ関数であり、基本クラスで定義された3つのメンバ変数number、name、salaryの値が表示されますが、派生クラスで追加されたメンバ変数salesの値は表示されません。これは当たり前のことですが、次の章で説明するオーバーライドというテクニックを使えば、showData()を使ってnumber、name、salary、およびsalesの4つのメンバ変数を表示するという何とも不思議な機能を実現できます。より安易なテクニックは、この章の中で説明します。

5-1-2 protectedの機能

第4章でクラスのメンバに指定する**アクセス指定子**には、**public:**、**private:**、**protected:**の3種類があることを説明しました。public:とprivate:は、クラスの使われ方（オブジェクトを作る／継承する）にかかわらず、公開（public:)または非公開（private:)を指定するものです。protected:は、オブジェクトを作ってクラスを使う場合には非公開となり、継承してクラスを使う場合には公開となります。

実験的なプログラムを作って、protected:の機能を確認してみましょう。次のページのList 5-2は、3つのメンバ変数にpublic:、private:、protected:の3種類の

第 **5** 章 クラスの継承

アクセス指定子を指定したMyClassクラスの定義です。これをMyClass.hという
ファイル名（ヘッダーファイル）で保存します。

List 5-2
3種類のアクセス指定子
を指定したクラスの定義

```
class MyClass {
public:
  int pub_data;      // パブリックなメンバ
private:
  int pri_data;      // プライベートなメンバ
protected:
  int pro_data;      // プロテクティッドなメンバ
};
```

List 5-3は、MyClassクラスのオブジェクトを作って3つのメンバ変数を使う
プログラムです。コンパイルすると、List 5-3のコンパイル結果に示したエラー
メッセージが表示されます（Visual Studio 2017のコマンドラインツールを使った
場合のメッセージの一部を示しています）。protected:が指定されたメンバと、
private:が指定されたメンバは使えないというわけです。すなわち、**クラスのオ
ブジェクトを作って使う場合に利用できるのは、クラスの中でpublic:が指定さ
れたメンバだけ**ということになります。

❗ ここ が Point

クラスのオブジェクトを
作って使う場合には、
public:なメンバだけが
利用できる

List 5-3
クラスのオブジェクトを
作って使う

```
#include "MyClass.h"
int main() {
  // MyClassクラスのオブジェクトを作成する
  MyClass mc;

  // MyClassクラスのメンバを使う
  mc.pub_data = 123;
  mc.pri_data = 456;
  mc.pro_data = 789;

  return 0;
}
```

List 5-3のコンパイル結果

```
list5_3.cpp(8): error C2248: 'MyClass::pri_data': private メンバー
（クラス 'MyClass' で宣言されている）にアクセスできません。
list5_3.cpp(9): error C2248: 'MyClass::pro_data': protected メンバー
（クラス 'MyClass' で宣言されている）にアクセスできません。
```

List 5-4は、MyClassクラスを継承してNewClassクラスを定義したものです。
NewClassクラスにはpublic:なメンバ関数myFunc()が1つだけあり、その中で

120

MyClassクラスの3つのメンバ変数を使っています。コンパイルすると、List 5-4のコンパイル結果に示したエラーメッセージが表示されます。private:が指定されたメンバだけが使えないというわけです。すなわち、**クラスを継承して使う場合に利用できるのは、クラスの中でpublic:またはprotected:が指定されたメンバである**ことがわかります。継承して自分の所有物にしたとはいえ、基本クラスのprivate:なメンバを派生クラスが使うことはできないので注意してください。

❗ ここが Point

クラスを継承して使う場合には、public:なメンバとprotected:なメンバが利用できる

List 5-4
クラスを継承して使う

```cpp
#include "MyClass.h"

class NewClass : public MyClass {
public:
  void myFunc();
};

// メンバ関数の実装
void NewClass::myFunc() {
  // 継承されたメンバを使う
  pub_data = 123;
  pri_data = 456;
  pro_data = 789;
}
```

List 5-4のコンパイル結果

```
list5_4.cpp(12): error C2248: 'MyClass::pri_data': private メンバー
（クラス 'MyClass' で宣言されている）にアクセスできません。
```

protected:が役に立つ具体例をお見せしましょう。先ほど、Employeeクラスを継承してSalesmanクラスを定義した場合に、Salesmanクラスのオブジェクトを作成してメンバ関数showData()（Employeeクラスで定義されているメンバ関数）を呼び出すと、Employeeクラスのメンバ変数しか表示されないという問題があると説明しました。この問題は、オーバーライドというテクニックを使えば解決できるのですが、より安易な解決方法もあります。それは、Employeeクラスのオブジェクトを作って使う側が、誤ってshowData()を呼び出すことが防げます。Salesmanクラスで、4つのメンバ変数をすべて表示する新たなメンバ関数をpublic:で定義し、それを呼び出してもらえばよいのです。

　次のページのList 5-5を見てください。EmployeeクラスのshowData()にprotected:が指定されています。Employeeクラスを継承したSalesmanクラスには、showAllData()という新たなメンバ関数がpublic:で追加されています。

第 5 章 クラスの継承

showAllData()からshowData()関数が呼び出されています。Salesmanクラスの
オブジェクトを使う側では、protected:なshowData()を呼び出すことはできませ
ん（もしも呼び出したらコンパイルエラーになります）。public:なshowAllData()
を呼び出すことになります。Employeeクラスを継承して使うSalesmanクラスで
は、protected:なshowData()を呼び出すことができ、かつSalesmanクラスで追
加されたメンバ変数salesの値を画面に表示する機能を持つshowAllData()を定
義しています。なかなかうまい方法でしょう！

List 5-5
protected:な
メンバの活用例

```cpp
#include <iostream>
#include <cstring>
using namespace std;

// Employeeクラスの定義
class Employee {
public:
  int number;          // 社員番号
  char name[80];       // 氏名
  int salary;          // 給与
protected:
  void showData();     // メンバ変数の値を表示する
};

// Employeeクラスのメンバ関数の実装
void Employee::showData() {
  cout << number << "\n";
  cout << name << "\n";
  cout << salary << "\n";
}

// Salesmanクラスの定義
class Salesman : public Employee {
public:
  int sales;              // 売上
  void showAllData();     // メンバ変数の値を表示する
};

// Salesmanクラスのメンバ関数の実装
void Salesman::showAllData() {
  // 3つのメンバ変数の値を表示する
  showData();

  // 追加されたメンバ変数の値を表示する
  cout << sales << "\n";
```

122

5-1 クラスを継承するとは？

```
}

// クラスを使う側のコード
int main() {
  // Salesmanクラスのオブジェクトを作成する
  Salesman tanaka;

  // Salesmanクラスのメンバを利用する
  tanaka.number = 1234;
  strcpy(tanaka.name, "田中一郎");
  tanaka.salary = 200000;
  tanaka.sales = 9999;
  tanaka.showAllData();

  return 0;
}
```

List 5-5の実行結果

```
1234
田中一郎
200000
9999
```

　オブジェクト指向プログラミングでは、クラスを使う人とクラスを作る人がいます。クラスを作る人は、public:、private:、protected:のいずれかのアクセス指定子をメンバに指定します。どのような使われ方（オブジェクトを作る／継承する）をした場合でも、公開して問題ないメンバには、public:を指定します。クラスの中だけで使われるので公開する必要のないメンバには、private:を指定します。オブジェクトを作って使う人には意味がなく、継承して使う人にだけ意味があるメンバには、protected:を指定します。

　Employeeクラスを継承したSalesmanクラスの例で示したように、クラスを継承して新たなクラスを作る人は、protected:なメンバを利用し、その結果をpublic:なメンバで公開できます。これで、public:、private:、protected:の使い分けのポイントがご理解いただけたでしょう（Fig 5-3）。

Fig 5-3
メンバに指定する
アクセス指定子の
使い分け

public ·········· どのような使われ方でも公開するメンバ（公開する）

private ········· クラスの中だけで使われるので公開しないメンバ（私用の、非公開の）

protected ····· クラスを継承して使うときだけ公開するメンバ（保護された）

5-1-3 継承におけるアクセス指定子の役割

> **ここがPoint**
> 継承でも3種類のアクセス指定子を指定できる

> **ここがPoint**
> 継承でアクセス指定子を省略すると、privateが指定されたとみなされる

継承を表す構文class Salesman : public Employeeで使われているpublicの役割を説明しましょう。これも、**アクセス指定子**です。第4章では、クラスのメンバにアクセス指定子を指定すると説明しましたが、**継承でも同じ3種類のアクセス指定子（public、private、protected）を指定できます**。メンバに指定するアクセス指定子にはpublic:のように末尾にコロン（:）を付けましたが、クラスを継承する構文で指定するアクセス指定子には末尾にコロンを付けないことに注意してください。**アクセス指定子を省略すると、privateが指定されたものとみなされます**。

クラスを継承する構文に指定するアクセス指定子は、基本クラスのメンバに指定されているアクセス指定が、派生クラスへどのように引き継がれるかを設定するものです。一般的には、class Salesman : public Employeeのようにpublicを指定すれば問題ありません。publicを指定すると、基本クラスのメンバのアクセス指定子は、そのまま派生クラスに引き継がれます（Fig 5-4）。

> **ここがPoint**
> publicを指定した継承では、基本クラスのメンバのアクセス指定子がそのまま引き継がれる

Fig 5-4
publicを指定した継承

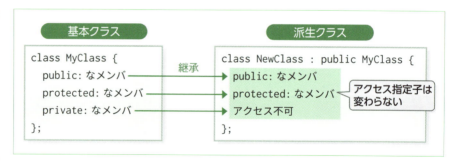

> **ここがPoint**
> privateを指定した継承では、基本クラスのメンバがすべてprivate:で引き継がれる

> **ここがPoint**
> protectedを指定した継承では、基本クラスのpublic:なメンバがprotected:で引き継がれる

privateを指定した継承では、基本クラスのpublic:およびprotected:なメンバがprivate:に変わります（Fig 5-5）。protectedを指定した継承では、基本クラスのpublic:なメンバだけがprotected:に変わり、その他のprotected:またはprivate:なメンバは変わりません（Fig 5-6）。

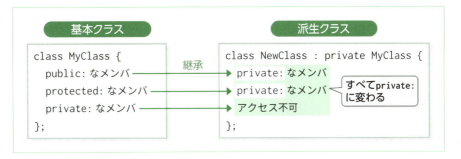

Fig 5-5 privateを指定した継承

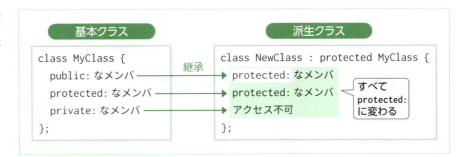

Fig 5-6 protectedを指定した継承

　privateを指定した継承とprotectedを指定した継承は、こういう機能があったほうが便利だろうという程度のものだと考えてください。一般的には、publicを指定した継承だけで十分なはずです。ただし、もしも継承でアクセス指定子を付け忘れると、privateな継承になってしまうので注意してください。

第 **5** 章 クラスの継承

5-2 継承の活用方法

▶ 既存のクラスを継承して再利用する
▶ 複数のクラスの共通点を汎化する
▶ 継承で効率的なプログラミングを実現する

5-2-1 再利用としての継承

❗ ここが Point

継承の目的は、プログラミングの効率化である

　継承を活用する方法を説明しましょう。**継承の目的は、プログラミングを効率化すること**です。たとえば、筆者がMyClassクラスを作って皆さんにプレゼントしたとしましょう。皆さんがMyClassクラスを継承して新たにYourClassクラスを定義すれば、MyClassクラスのメンバを再利用できます。皆さんは、コーディングの手間が省けて効率的だと感じるはずです。このように、継承には、既存のコードを再利用してプログラミングを効率化できるというメリットがあります。オブジェクト指向プログラミングの目的がプログラミングの効率化であることは、これまで何度も説明してきたとおりです。効率化を継承で実現するのです。

　オブジェクト指向プログラミングは、大規模なプログラムの作成に適したプログラミングスタイルです。大規模なプログラムでは、複数のプログラマが作業を分担してコードを記述します。この場合には、「君はクラスを作る人」、「私はクラスを使う人」といった具合に役割を分けてプログラミングが行われます。どちらの役割になるかは状況次第なので、皆さんは、クラスを作る人と使う人の両方の知識が必要になります。

　クラスを作る人になった場合は、これから作成するクラスが、オブジェクトを作って使われるものなのか、それとも継承して使われるものなのかを意識しなければなりません。もちろん、オブジェクトを作って使っても、継承して使っても大丈夫なクラスを作る場合もあり得ます（滅多にないことですが）。これらは、プログラムの設計段階で十分に吟味して決定すべきことです。

　オブジェクト指向プログラミングのための設計をオブジェクト指向設計と呼び

126

ます。オブジェクト指向設計の基本は、プログラム全体を複数のクラスに分割することです。それと同時に、個々のクラスが、どのように使われるのかも考えます（Fig 5-7）。

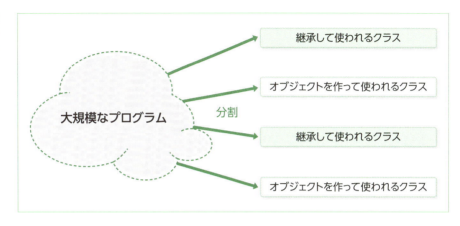

Fig 5-7 オブジェクト指向設計の基本はプログラム全体をクラスに分割すること

5-2-2 汎化と継承

オブジェクト指向設計では、プログラム全体を複数のクラスに分割すると説明しました。設計段階でどのように継承が登場するかを見ていきましょう。給与管理システムのプログラムの作成を例にあげます。このプログラムを構成するクラスとして、「役員クラス（Director）」、「課長クラス（Manager）」、「営業マンクラス（Salesman）」の3つを考えました。これら3つのクラスだけでプログラムが完成するわけなどないのですが、あくまでもサンプルです。

ここでは、3つのクラスのメンバを次のページのFig 5-8のように決定しました。説明を簡単にするため、すべてメンバ変数だけのクラスとしています。このように、**必要と思われるクラスを洗い出すことが、オブジェクト指向設計の第一歩となります**。

ここがPoint
必要と思われるクラスを洗い出すことが、オブジェクト指向設計の第一歩となる

Fig 5-8
3つのクラスとメンバ

　3つのクラスのメンバをよく見てください。どのクラスもnumber、name、salaryという同じ3つのメンバ変数を持っています。このままプログラミングしても間違いではありませんが、同じコードを何度も記述することになるので効率的ではありません。そこで、3つのクラスに共通するメンバだけをまとめたEmployeeクラスを定義してみましょう。このように、複数のクラスに共通するメンバを1つのクラスにまとめることを**汎化（はんか）**と呼びます。UMLでは、**クラス図**を白抜きの三角形で結ぶことで汎化を表します（Fig 5-9）。

Fig 5-9
複数のクラスに共通する
メンバを汎化する

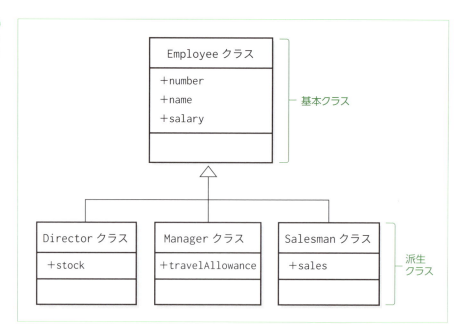

5-2 継承の活用方法

Fig 5-9の設計に基づくプログラミングでは、汎化によって作成された Employeeクラスを基本クラスとして定義し、Employeeクラスを継承して Directorクラス、Managerクラス、Salesmanクラスを派生クラスとして定義することになります。これなら、number、name、salaryという3つのメンバ変数を記述する回数は1回だけで済み、効率的です。このように、**オブジェクト指向設計の段階で汎化によって作成されたクラスを基本クラスとすること**が、プログラミングの段階では継承となることを覚えておいてください。いきなり基本クラスを思いつくわけではありません。

ここまでの説明をまとめたプログラムを作ってみましょう。List 5-6は、汎化（継承）を使わないでDirectorクラス、Managerクラス、Salesmanクラスを定義し、それらのクラスのオブジェクトを使うプログラムです。3つのクラスに同じメンバ変数を記述する非効率さを味わってください。

● ここが Point
オブジェクト指向設計の段階における汎化が、プログラミング時には継承となる

List 5-6
継承を使わない場合は非効率である

```cpp
#include <iostream>
#include <cstring>
using namespace std;

// Directorクラスの定義
class Director {
public:
    int number;       // 社員番号
    char name[80];    // 氏名
    int salary;       // 給与
    int stock;        // 株式保有数
};

// Managerクラスの定義
class Manager {
public:
    int number;            // 社員番号
    char name[80];         // 氏名
    int salary;            // 給与
    int travelAllowance;   // 出張費
};

// Salesmanクラスの定義
class Salesman {
public:
    int number;       // 社員番号
    char name[80];    // 氏名
    int salary;       // 給与
```

129

第 5 章　クラスの継承

```cpp
  int sales;          // 売上
};

// クラスを使う側のコード
int main() {
  // Director クラスのオブジェクトを使う
  Director y;
  y.number = 1111;
  strcpy(y.name, "役員一郎");
  y.salary = 500000;
  y.stock = 1000;
  cout << "社員番号：" << y.number << "¥n";
  cout << "氏名：" << y.name << "¥n";
  cout << "給与：" << y.salary << "¥n";
  cout << "株式保有数：" << y.stock << "¥n";

  // Manager クラスのオブジェクトを使う
  Manager k;
  k.number = 2222;
  strcpy(k.name, "課長次郎");
  k.salary = 350000;
  k.travelAllowance = 10000;
  cout << "社員番号：" << k.number << "¥n";
  cout << "氏名：" << k.name << "¥n";
  cout << "給与：" << k.salary << "¥n";
  cout << "出張費：" << k.travelAllowance << "¥n";

  // Salesman クラスのオブジェクトを使う
  Salesman e;
  e.number = 3333;
  strcpy(e.name, "営業三郎");
  e.salary = 250000;
  e.sales = 1234;
  cout << "社員番号：" << e.number << "¥n";
  cout << "氏名：" << e.name << "¥n";
  cout << "給与：" << e.salary << "¥n";
  cout << "売上：" << e.sales << "¥n";

  return 0;
}
```

5-2　継承の活用方法

List 5-6の実行結果

```
社員番号：1111
氏名：役員一郎
給与：500000
株式保有数：1000
社員番号：2222
氏名：課長次郎
給与：350000
出張費：10000
社員番号：3333
氏名：営業三郎
給与：250000
売上：1234
```

List 5-7は、同じプログラムで汎化（継承）を活用したものです。Employeeクラスに記述されたメンバ変数が継承されるので、Directorクラス、Managerクラス、Salesmanクラスが効率的に記述できることを堪能してください。プログラムの実行結果は、汎化（継承）を使わない場合と同じです。

継承というテクニックを知ると、常にそれを使わなければならないのではないかと思い込んでしまう人がいるようですが、継承など使わなくてもプログラムは作成できます。継承を使ったほうが、効率的にプログラミングできるだけのことです。

List 5-7
継承を使う場合は
効率的である

```cpp
#include <iostream>
#include <cstring>
using namespace std;

// Employeeクラスの定義
class Employee {
public:
  int number;              // 社員番号
  char name[80];           // 氏名
  int salary;              // 給与
};

// Directorクラスの定義
class Director : public Employee {
public:
  int stock;               // 株式保有数
};

// Managerクラスの定義
class Manager : public Employee {
public:
```

131

第 5 章 クラスの継承

```cpp
  int travelAllowance;    // 出張費
};

// Salesmanクラスの定義
class Salesman : public Employee {
public:
  int sales;              // 売上
};

// クラスを使う側のコード
int main() {
  // Directorクラスのオブジェクトを使う
  Director y;
  y.number = 1111;
  strcpy(y.name, "役員一郎");
  y.salary = 500000;
  y.stock = 1000;
  cout << "社員番号:" << y.number << "\n";
  cout << "氏名:" << y.name << "\n";
  cout << "給与:" << y.salary << "\n";
  cout << "株式保有数:" << y.stock << "\n";

  // Managerクラスのオブジェクトを使う
  Manager k;
  k.number = 2222;
  strcpy(k.name, "課長次郎");
  k.salary = 350000;
  k.travelAllowance = 10000;
  cout << "社員番号:" << k.number << "\n";
  cout << "氏名:" << k.name << "\n";
  cout << "給与:" << k.salary << "\n";
  cout << "出張費:" << k.travelAllowance << "\n";

  // Salesmanクラスのオブジェクトを使う
  Salesman e;
  e.number = 3333;
  strcpy(e.name, "営業三郎");
  e.salary = 250000;
  e.sales = 1234;
  cout << "社員番号:" << e.number << "\n";
  cout << "氏名:" << e.name << "\n";
  cout << "給与:" << e.salary << "\n";
  cout << "売上:" << e.sales << "\n";

  return 0;
}
```

List 5-7では、確かにクラスの定義は短く効率的に記述できています。しかし、main()関数の中で個々のクラスのオブジェクトを使うコードは、あまりにも長たらしく面倒なものとなっています。

実は、このようなコードを驚くほど効率的に記述できるテクニックがあるのです。どのようにすればよいかは、第6章で説明します。あらかじめお伝えしておきますが、そのテクニックを理解し自由に使いこなせたなら、オブジェクト指向プログラマとして合格だと言えます。そうなれば、オブジェクト指向プログラミングが、ますます楽しくなるはずです。

第 **5** 章 クラスの継承

5-3 継承におけるコンストラクタとデストラクタの取り扱い

▶ 継承におけるコンストラクタとデストラクタの取り扱い方法
▶ イニシャライザの役割と使い方

5-3-1 コンストラクタとデストラクタは継承されない

ここが Point
基本クラスのコンストラクタとデストラクタは、派生クラスに継承されない

基本クラスに**コンストラクタ**や**デストラクタ**が定義されている場合には、それらは派生クラスに継承されません。なぜでしょうか？ MyClassクラスを継承してNewClassクラスを定義するとしましょう。MyClassクラスのコンストラクタはMyClass()という名前で、デストラクタは~MyClass()という名前です。そんな名前のメンバをNewClassクラスに継承しても意味がありません。NewClassクラスのコンストラクタはNewClass()という名前で、デストラクタは~NewClass()という名前でなければならないからです。

ここが Point
基本クラスのコンストラクタとデストラクタは、派生クラスから自動的に呼び出される

基本クラスのコンストラクタやデストラクタは継承されませんが、自動的に呼び出されるようになっています。 すなわち、MyClassクラスを継承してNewClassクラスを定義し、NewClassクラスのオブジェクトを作成して使うと、NewClassクラスのコンストラクタとMyClassクラスのコンストラクタの両方が呼び出されます。オブジェクトがメモリから破棄されるときには、NewClassクラスのデストラクタとMyClassクラスのデストラクタの両方が呼び出されます。実にうまくできているのです。

実験的なプログラムを作成して確かめてみましょう。List 5-8は、MyClassクラスを継承してNewClassクラスを定義し、NewClassクラスのオブジェクトを作成するプログラムです。MyClassクラスとNewClassクラスには、 コンストラクタとデストラクタだけが定義されています。コンストラクタとデストラクタの処理として、それらが呼び出されたことを表すメッセージを画面に表示しています。

main()関数の中でNewClassクラスをデータ型とした変数を宣言してオブジェ

134

5-3 継承におけるコンストラクタとデストラクタの取り扱い

クトを作成した時点で、NewClassクラスのコンストラクタだけでなく、MyClass
クラスのコンストラクタも自動的に呼び出されます。main()関数を抜ける時点
（プログラムの終了時点）で、NewClassクラスのデストラクタだけでなく、
MyClassクラスのデストラクタも自動的に呼び出されます。

List 5-8
基本クラスのコンストラク
タとデストラクタは
自動的に呼び出される

```cpp
#include <iostream>
using namespace std;

// 基本クラスの定義
class MyClass {
public:
  MyClass();     // コンストラクタ
  ~MyClass();    // デストラクタ
};

// 基本クラスのコンストラクタの実装
MyClass::MyClass() {
  cout << "基本クラスのコンストラクタが呼び出されました！¥n";
}

// 基本クラスのデストラクタの実装
MyClass::~MyClass() {
  cout << "基本クラスのデストラクタが呼び出されました！¥n";
}

// 派生クラスの定義
class NewClass : public MyClass {
public:
  NewClass();     // コンストラクタ
  ~NewClass();    // デストラクタ
};

// 派生クラスのコンストラクタの実装
NewClass::NewClass() {
  cout << "派生クラスのコンストラクタが呼び出されました！¥n";
}

// 派生クラスのデストラクタの実装
NewClass::~NewClass() {
  cout << "派生クラスのデストラクタが呼び出されました！¥n";
}

// クラスを使う側のコード
int main() {
```

135

第**5**章 クラスの継承

```
    NewClass obj;     // ここでコンストラクタが呼び出される

    cout << "*******************¥n";

    return 0;         // ここでデストラクタが呼び出される
}
```

List 5-8の実行結果

```
基本クラスのコンストラクタが呼び出されました！
派生クラスのコンストラクタが呼び出されました！
*******************
派生クラスのデストラクタが呼び出されました！
基本クラスのデストラクタが呼び出されました！
```

❶ここが Point

基本クラスのコンストラクタ→派生クラスのコンストラクタの順序で呼び出される

❶ここが Point

派生クラスのデストラクタ→基本クラスのデストラクタの順序で呼び出される

　コンストラクタとデストラクタが呼び出される順序にも注目してください。コンストラクタは、基本クラスのコンストラクタ→派生クラスのコンストラクタの順序で呼び出されます。基本クラスの初期化の後に派生クラスの初期化を行うべきですから、実に理にかなっています。

　デストラクタは、派生クラスのデストラクタ→基本クラスのデストラクタの順序で呼び出されます。派生クラスの終了処理の後に基本クラスの終了処理を行うべきですから、これも実に理にかなっています。もう一度List 5-8の実行結果を見て、コンストラクタとデストラクタが呼び出される順序を確認してください。

5-3-2 引数を持つコンストラクタの呼び出し

　デストラクタはオーバーロードできません。したがって、1つのクラスに定義できるデストラクタは1つだけであり、派生クラスのデストラクタと基本クラスのデストラクタは1対1で対応します。派生クラスのデストラクタが自動的に呼び出された後は、迷うことなく基本クラスのデストラクタが自動的に呼び出されます。

　それに対して、コンストラクタは**オーバーロード**できます。基本クラスが、オーバーロードされた複数のコンストラクタを持っている場合には、派生クラスのコンストラクタからどれを呼び出すかを指定しなければなりません。そのためには、派生クラスのコンストラクタの実装でコロン（:）に続けて基本クラスのコンストラクタ名を指定し、そのカッコ内に引数を指定します。この引数は、基本

5-3 継承におけるコンストラクタとデストラクタの取り扱い

● ここが Point

派生クラスのコンストラクタから、基本クラスの引数を持つコンストラクタを呼び出すためには、イニシャライザを使う

クラスのコンストラクタに渡されるものであり、引数の数やデータ型によって、どのコンストラクタを呼び出すかが決まります。**この部分をイニシャライザと呼びます。**派生クラスのコンストラクタ（構築子）から見て、基本クラスのコンストラクタはイニシャライザ（初期化子）だというわけです。

たとえば、NewClassクラス（派生クラス）のコンストラクタNewClass()から、MyClassクラス（基本クラス）のint型の引数を1つ持つコンストラクタを呼び出す場合の構文は、以下のようになります。NewClass(int n, int m) : MyClass(m)の部分に注目してください。MyClass(m)によって、引数mの値が渡されてMyClassクラスのコンストラクタ（イニシャライザ）が呼び出されます。

```
// 派生クラスの定義
class NewClass : public MyClass {
public:
  // 派生クラスで追加されたメンバ変数
  int new_data;
  // 派生クラスのコンストラクタ
  NewClass(int n, int m);
};

// 派生クラスのコンストラクタの実装
NewClass::NewClass(int n, int m) : MyClass(m) {
  // 派生クラスで追加されたメンバ変数を初期化する
  new_data = n;
}
```

派生クラスのコンストラクタを引数付きで作成する場合は、コツコツと地道なプログラマを対象としているわけですから、基本クラスで定義されているメンバ変数と、派生クラスで新たに追加されたメンバ変数の両方を引数に指定できるようにします。NewClass(int n, int m) : MyClass(m)において、**引数nは派生クラスで新たに追加されたメンバ変数を初期化するもので、引数mは基本クラスで定義されているメンバ変数を初期化するものです。**

● ここが Point

イニシャライザに渡す引数は、派生クラスのコンストラクタの引数を指定する

● ここが Point

基本クラスの引数のないコンストラクタは自動的に呼び出されるので、派生クラスのコンストラクタにイニシャライザを指定しなくてよい

基本クラスで定義されている引数のないコンストラクタは自動的に呼び出されるので、**派生クラスの引数のないコンストラクタの実装では、NewClass( ) : MyClass( )のようにイニシャライザを指定する必要はありません。**

次のページのList 5-9は、引数のあるコンストラクタと引数のないコンストラクタを持つ基本クラスを継承し、派生クラスのコンストラクタから基本クラスの適切なコンストラクタを呼び出すようにしたプログラムです。

137

第 5 章　クラスの継承

List 5-9
基本クラスの引数付き
コンストラクタを
呼び出す

```cpp
#include <iostream>
using namespace std;

// 基本クラスの定義
class MyClass {
public:
  int my_data;     // メンバ変数
  MyClass();       // 引数のないコンストラクタ
  MyClass(int m); // 引数を持つコンストラクタ
  ~MyClass();      // デストラクタ
};

// 基本クラスの引数のないコンストラクタの実装
MyClass::MyClass() {
  my_data = -1;
  cout << "基本クラスの引数のないコンストラクタが呼び出されました！¥n";
}

// 基本クラスの引数を持つコンストラクタの実装
MyClass::MyClass(int m) {
  my_data = m;
  cout << "基本クラスの引数を持つコンストラクタが呼び出されました！¥n";
}

// 基本クラスのデストラクタの実装
MyClass::~MyClass() {
  cout << "基本クラスのデストラクタが呼び出されました！¥n";
}

// 派生クラスの定義
class NewClass : public MyClass {
public:
  int new_data;            // メンバ変数
  NewClass();              // 引数のないコンストラクタ
  NewClass(int n, int m);  // 引数を持つコンストラクタ
  ~NewClass();             // デストラクタ
};

// 派生クラスの引数のないコンストラクタの実装
NewClass::NewClass() {
  new_data = -1;
  cout << "派生クラスの引数のないコンストラクタが呼び出されました！¥n";
}

// 派生クラスの引数を持つコンストラクタの実装
```

5-3 継承におけるコンストラクタとデストラクタの取り扱い

```cpp
NewClass::NewClass(int n, int m) : MyClass(m) {
  new_data = n;
  cout << "派生クラスの引数を持つコンストラクタが呼び出されました！¥n";
}

// 派生クラスのデストラクタの実装
NewClass::~NewClass() {
  cout << "派生クラスのデストラクタが呼び出されました！¥n";
}

// クラスを使う側のコード
int main() {
  // 引数のないコンストラクタを呼び出す
  NewClass obj1;

  // メンバ変数の値を表示する
  cout << obj1.my_data << "¥n";
  cout << obj1.new_data << "¥n";
  cout << "*******************¥n";

  // 引数を持つコンストラクタを呼び出す
  NewClass obj2(123, 456);

  // メンバ変数の値を表示する
  cout << obj2.my_data << "¥n";
  cout << obj2.new_data << "¥n";

  return 0;
}
```

List 5-9 の実行結果

```
基本クラスの引数のないコンストラクタが呼び出されました！
派生クラスの引数のないコンストラクタが呼び出されました！
-1
-1
*******************
基本クラスの引数を持つコンストラクタが呼び出されました！
派生クラスの引数を持つコンストラクタが呼び出されました！
456
123
派生クラスのデストラクタが呼び出されました！
基本クラスのデストラクタが呼び出されました！
派生クラスのデストラクタが呼び出されました！
基本クラスのデストラクタが呼び出されました！
```

第5章 クラスの継承

　コンストラクタは、クラスを使いやすくするために、大いに活用すべきものです。継承も、プログラミングを効率化するために大いに活用すべきものです。ただし、継承を使う場合には、派生クラスのオブジェクトを作成する時点で、基本クラスの適切なコンストラクタが呼び出されるように十分注意してプログラミングする必要があります。もしも、派生クラスのコンストラクタでイニシャライザの指定を忘れると、基本クラスの引数のないコンストラクタが呼び出されることになってしまいます。

確 認 問 題

Q1 以下の説明に該当する言葉または表記を選択肢から選んでください。

(1) class A : public B {}におけるA
(2) 継承先のクラスから利用できることを示すアクセス指定子
(3) 指定を省略したときに暗黙に設定されるアクセス指定子
(4) 複数のクラスの共通点を抽出したクラスを定義すること
(5) 基本クラスのコンストラクタを呼び出す仕組み

> **選択肢**
>
> ア メッセージ　　イ protected　　ウ private　　エ スーパークラス
> オ 派生クラス　　カ 汎化　　　　キ 集約　　　ク イニシャライザ

Q2 以下のプログラムの空欄に適切な語句や演算子を記入してください。

```
// Employeeクラスを継承したSalesmanクラスを定義する
class [ (1) ] : public [ (2) ] {

};


// 基本クラスEmployeeのコンストラクタ
Employee::Employee(int nu, char *na, int sa) {
  number = nu;
  strcpy(name, na);
  salary = sa;
}


// 派生クラスSalesmanのコンストラクタでイニシャライザを使う
Salesman::Salesman(int nu, const char *na, int sa, int sl) : [   (3)   ] {
  sales = sl;
}
```

解答は **300ページ** にあります。

COLUMN

継承はOCPを実践するものである

これは、筆者が10年ほど前に、あるプログラミング雑誌でインタビュー記事を書いていたときの話です。システム開発会社を訪問して、「この会社で一番プログラミングができる人を取材させてください」とお願いしたところ、「それなら適任者が1人いる」と言われて、T氏を紹介してもらいました。

> 筆者： オブジェクト指向プログラミングはお好きですか？
> T氏 ： 大好きだね。
> 筆者： オブジェクト指向プログラミングは、何が便利なのですか？
> T氏 ： いろいろあるね。
> 筆者： 1つだけ、これは絶対に便利だということをあげるとすれば？
> T氏 ： それは、継承だな。OCPを実践できるからね。
> 筆者： えっ、OCPって何ですか？
> T氏 ： 簡単に言うと、改造せずに機能を付け足すことだね。

OCP（Open Closed Principle＝開放閉鎖原則）とは、「モジュール（プログラムの部品）は、拡張に対してオープンであり（拡張できる）、改造に対してクローズであるべきだ（改造できない）」というプログラム設計の原則です。1980年代に、フランス出身のコンピュータ科学者Bertrand Meyerによって提唱されました。

T氏の言う継承によってOCPが実践されるとは、たとえば既存のOldClassクラスを継承して新たにNewClassクラスを作った場合には、OldClassクラスを一切改造することなく、それに機能を付け足してNewClassクラスを作ったことになるということです。OldClassクラスのコードがテスト済みなら、NewClassクラスで追加したコードだけをテストすればよいはずなので、開発がとても効率的になります。T氏は、これを便利だと言ったのです。

もしも、継承を使わずに、OldClassクラスのコードを改造することで目的の機能を追加したらどうなるでしょう。OldClassクラスを改造してしまったのですから、OldClassクラスのテストをやり直す必要があります。それは、とても時間がかかる作業になるでしょう。

class NewClass : public OldClass { } と記述すれば、「OldClassクラスを継承してNewClassクラスを作る」という意味になりますが、それは「OldClassクラスを一切改造せずに、機能を付け足してNewClassクラスを作る」という意味でもあることを意識してください。継承によって、効率的なプログラミングが実践できるのです。

第 **6** 章

メンバ関数の
オーバーライドと多態性

この章では、基本クラスで定義されたメンバ関数を
派生クラスでオーバーライドする方法と、それに
よって多態性を実現する方法を説明します。多態性
の目的もプログラミングの効率化です。多態性は、
第3章で説明したオーバーロードだけでなく、オー
バーライドでも実現できます。言葉は似ています
が、オーバーロードとオーバーライドの仕組みは、
まったく異なります。この章の内容を理解できたら、
オブジェクト指向プログラマとして1つ上のステッ
プに到達できたと言えます。ちょっと難しい内容か
もしれませんが、がんばって挑戦してください。

第 **6** 章　メンバ関数のオーバーライドと多態性

6-1　メンバ関数のオーバーライド

▶ オーバーライドの役割と記述方法
▶ 仮想関数の役割と定義方法
▶ 派生クラスから基本クラスのメンバ関数を利用する方法

6-1-1　基本クラスのメンバ関数を派生クラスでオーバーライドする

　MyClassクラスを継承してNewClassクラスを定義するとしましょう。MyClassクラスには、10個のメンバ変数と20個のメンバ関数があります。NewClassクラスでは、それらを引き継げるのですから、効率的にプログラミングできます。

　ところが、MyClassクラスの20個のメンバ関数の中に、どうしてもNewClassクラスの目的に合わないものが5個だけありました。この場合には、継承をあきらめてNewClassクラスのメンバをすべてコツコツと記述しなければならないのでしょうか？

　そんな無駄なことをする必要はありません。基本クラスで定義されているメンバ関数の中に、派生クラスの目的に合わないものがあったなら、同じ名前で上書き変更できるからです。このように、**基本クラスから継承したメンバ関数の処理内容を派生クラスで上書き変更することを**オーバーライドと呼びます。オーバーライド（override）は、「上書き」という意味です。

　具体例をお見せしましょう。List 6-1には、MyClassクラスの定義と、MyClassクラスを継承したNewClassクラスの定義、およびNewClassクラスのオブジェクトを使うmain()関数があります。

　MyClassクラスでは、説明を簡単にするために2つのメンバ関数func1()とfunc2()だけが定義されています。どちらのメンバ関数も引数の値を画面に表示するものです。func1()の機能はNewClassクラスの目的に合っていますが、func2()の機能は合っていないとしましょう。あくまでもサンプルです。NewClassクラスでは、同じ名前のfunc2()が定義され、処理内容が実装されています。これがオーバーライドです。

！ここが Point

基本クラスのメンバ関数の処理内容を派生クラスで上書き変更することをオーバーライドと呼ぶ

144

6-1 メンバ関数のオーバーライド

　これによって、MyClassクラスで定義されたfunc2()の機能は、NewClassクラスに継承される際に上書き変更されます。NewClassクラスのオブジェクトを作ってfunc2()を呼び出すと、NewClassクラスで再定義されたfunc2()が呼び出されます。すなわち、NewClassクラスの目的に合わなかったメンバ関数の機能を変更できたわけです。NewClassクラスの目的に合うfunc1()は、そのまま継承されます（Fig 6-1）。

Fig 6-1
派生クラスで基本クラスのメンバ関数をオーバーライドする

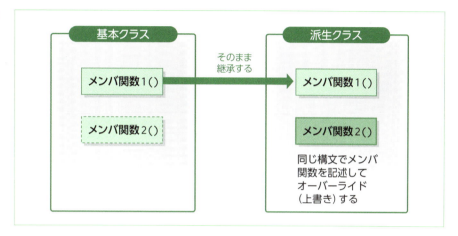

List 6-1
メンバ関数をオーバーライドする

```
#include <iostream>
using namespace std;

// 基本クラスの定義
class MyClass {
public:
  void func1(int a);
  virtual void func2(const char *s);
};

// 基本クラスのメンバ関数の実装
void MyClass::func1(int a) {
  cout << a << "¥n";
}

void MyClass::func2(const char *s) {
  cout << s << "¥n";
}

// 派生クラスの定義
```

145

第6章 メンバ関数のオーバーライドと多態性

```cpp
class NewClass : public MyClass {
public:
  void func2(const char *s);
};

// 派生クラスのメンバ関数の実装
void NewClass::func2(const char *s) {
  cout << "文字列データ：";
  cout << s << "\n";
}

// クラスを使う側のコード
int main() {
  // 派生クラスのオブジェクトを使う
  NewClass obj;

  // 継承したメンバ関数を呼び出す
  obj.func1(123);

  // オーバーライドしたメンバ関数を呼び出す
  obj.func2("技術評論社");

  return 0;
}
```

　MyClassクラスで定義されているfunc2()の機能は、引数の値をそのまま画面に表示するものですが、それをNewClassクラスで、「文字列データ：」という文字列を付加してから引数の値を表示するようにオーバーライドしています。そのため画面の表示が、「技術評論社」ではなく「文字列データ：技術評論社」となっているのです。

List 6-1 の実行結果

```
123
文字列データ：技術評論社
```

ここが Point

オーバーライドするには、基本クラスのメンバ関数と同じプロトタイプのメンバ関数を派生クラスで再定義する

　オブジェクト指向プログラミングには、クラスを作る人とクラスを使う人がいます。クラスを使う人には、クラスのオブジェクトを作って使う人と、クラスを継承して使う人がいます。クラスのオブジェクトを作って使う人は、そのクラスが持つメンバ関数がオーバーライドされたものかどうかを意識する必要がありません。オーバーライドされていないメンバ関数とまったく同様に呼び出せます。

クラスを継承して使う人が基本クラスのメンバ関数をオーバーライドする場合

には、基本クラスで定義されているのと同じ関数名、引数、戻り値としなければならないことに注意してください。すなわち、void func2(char *s) というプロトタイプのメンバ関数をオーバーライドするには、同じ void func2(char *s) というプロトタイプでメンバ関数を再定義しなければならないのです。もしもメンバ関数名が同じで、引数を異なるものにしてしまうと、**オーバーライド（上書き）**ではなく**オーバーロード（多重定義）**になってしまいます。

　クラスを作る人は、「このメンバ関数は、もしかするとオーバーライドされる可能性があるな」と思ったなら、メンバ関数の定義にvirtualを指定しておきます。メンバ関数を実装するコードには、virtualを指定しません。**virtual**が指定されたメンバ関数は、**仮想関数**と呼ばれ、オーバーライドが可能になります。もしオーバーライドされなかったとしても、そのまま仮想関数を呼び出せるので問題ありません。念のためにvirtualを指定するのです。心配性な人は、すべてのメンバ関数にvirtualを指定してもかまいません（Fig 6-2）。

🅞 ここが Point

オーバーライドされる側のメンバ関数には、virtualを指定する

Fig 6-2
オーバーライドで
注意すべきこと

クラスを作る人

```
class MyClass {
public:
  virtual void func2(const char *s);
  ......
};
```
virtualを指定すること!

クラスを継承して使う人

```
class NewClass : public MyClass {
public:
  void func2(const char *s);
  ......
};
```
同じプロトタイプにすること!

クラスのオブジェクトを使う人

```
int main() {
  NewClass obj;
  obj.func2();
  ......
}
```
仮想関数かどうかを
意識しなくてよい

第 **6** 章 ▶ メンバ関数のオーバーライドと多態性

6-1-2 基本クラスのメンバ関数を呼び出す

「仮想的な」という意味のvirtualというキーワードを指定したからといって、基本クラスの仮想関数が消えてなくなってしまうわけではありません。たとえば、以下のように仮想関数func2()を持つMyClassクラスのオブジェクトを作って、func2()を呼び出すことができます。画面には「技術評論社」と表示されます。

```
// オブジェクトを作成する
MyClass mc;

// 仮想関数を呼び出す
mc.func2("技術評論社");
```

⚠ ここが Point

仮想関数をオーバーライドした派生クラスから、基本クラスの仮想関数を呼び出すこともできる

仮想関数をオーバーライドした派生クラスから、基本クラスの仮想関数を呼び出すこともできます。 これは、基本クラスで定義されている仮想関数の機能をまるきり上書き変更してしまうのではなく、機能を追加する場合に便利なテクニックです。たとえば、以下のようにMyClassクラスの仮想関数func2()は、引数の値を画面に表示する機能を持っています。

```
// 基本クラスのメンバ関数の実装
void MyClass::func2(const char *s) {
  cout << s << "\n";
}
```

派生クラスでは、func2()が提供する「引数の値を画面に表示する」という機能に、「文字列データ：」という文字列を表示する機能を付加したいわけです。この場合には、派生クラスでオーバーライドするfunc2()の実装を以下のように記述できます。

```
// 派生クラスのメンバ関数の実装
void NewClass::func2(const char *s) {
  cout << "文字列データ：";
  MyClass::func2(s);
}
```

6-1 メンバ関数のオーバーライド

ここがPoint
基本クラスの仮想関数を呼び出す場合には、スコープ解決演算子で基本クラス名を指定する

MyClass::func2(s); によって、基本クラスのfunc2( )が呼び出されます。このコロン (::) を**スコープ解決演算子**と呼びます。スコープ解決演算子の前には、クラス名を指定します。MyClass::func2(s); は、MyClassクラスのfunc2()に引数sを渡して呼び出すという意味になります（Fig 6-3）。なかなか便利なテクニックでしょう！

サンプルプログラムで実際に試してみましょう。List 6-2 は、List 6-1 の NewClass クラスのメンバ関数 func2() を実装するコードを変更したものです。さらに、main()関数の中でMyClassクラスのオブジェクトを作成し、仮想関数 func2()の呼び出しも試しています。オーバーライドされても仮想関数が消えてなくなってしまうわけでないことの確認です。

Fig 6-3
派生クラスから基本クラスのメンバ関数を呼び出せる

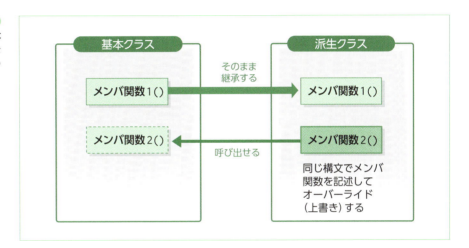

List 6-2
派生クラスのメンバ関数から基本クラスのメンバ関数を呼び出す

```
#include <iostream>
using namespace std;

// 基本クラスの定義
class MyClass {
public:
  void func1(int a);
  virtual void func2(const char *s);
};

// 基本クラスのメンバ関数の実装
void MyClass::func1(int a) {
  cout << a << "\n";
}
```

149

第 6 章　メンバ関数のオーバーライドと多態性

```cpp
void MyClass::func2(const char *s) {
  cout << s << "¥n";
}

// 派生クラスの定義
class NewClass : public MyClass {
public:
  void func2(const char *s);
};

// 派生クラスのメンバ関数の実装
void NewClass::func2(const char *s) {
  cout << "文字列データ：";
  MyClass::func2(s);
}

// クラスを使う側のコード
int main() {
  // 派生クラスのオブジェクトを使う
  NewClass obj;

  // 継承したメンバ関数を呼び出す
  obj.func1(123);

  // オーバーライドしたメンバ関数を呼び出す
  obj.func2("技術評論社");

  // 基本クラスのオブジェクトを作成する
  MyClass mc;

  // 仮想関数を呼び出す
  mc.func2("基本クラスの仮想関数");

  return 0;
}
```

List 6-2の実行結果

```
123
文字列データ：技術評論社
基本クラスの仮想関数
```

150

6-2　メンバ関数のオーバーライドによる多態性

メンバ関数の オーバーライドによる多態性

6-2

- ▶ オーバーライドで多態性を実現する方法
- ▶ 純粋仮想関数の意味と定義方法
- ▶ 抽象クラスの意味と使い方

6-2-1　オブジェクト指向プログラミングの復習

ここから先は、いよいよオブジェクト指向プログラマが目指すゴールである
オーバーライドによる多態性の説明を始めます。その前に、オブジェクト指向プ
ログラミングの目的、**オブジェクト指向プログラミングの三本柱（継承、カプセ
ル化、多態性）**、およびオブジェクト指向プログラミングの絶対的な基礎をしっ
かりと復習しておきましょう。

オブジェクト指向プログラミングには、「現実世界のモデリングだ」、「オブ
ジェクト間のメッセージパッシングによってプログラムの動作を表すことだ」、
「部品を使ってプログラムを作成することだ」……など、**さまざまなとらえ方が
ありますが、どのようなとらえ方をしても目的は同じです。**

その目的とは、これまで何度も繰り返し説明してきた「プログラミングの効率
化」です。したがって、**クラスの定義、継承、カプセル化、多態性などの手段が
どうであれ、その目的は、必ずプログラミングの効率化に行き着きます。**さまざ
まな手段に翻弄され、目的を見失うことのないように注意してください。

継承とは、既存のクラスに機能を付け足して新たなクラスを定義することで
す。既存のクラスのメンバを再利用できるので、プログラミングを効率化できま
す。継承のもととなるクラスを**基本クラス**と呼び、基本クラスを継承して新たに
定義されたクラスのことを**派生クラス**と呼びます。

基本クラスや派生クラスは、いきなり思いつくわけではなく、オブジェクト指
向設計の段階で、複数のクラスに共通するメンバを汎化したクラスを考えること
で、基本クラスが決まります。設計段階の汎化は、プログラミング段階で継承に
なります。

> **！ ここが Point**
> オブジェクト指向プログ
> ラミングには、さまざま
> なとらえ方がある

> **！ ここが Point**
> オブジェクト指向プログ
> ラミングの目的は、プロ
> グラミングの効率化であ
> る

> **！ ここが Point**
> 継承、カプセル化、多態
> 性は、プログラミングの
> 効率化を実現するテク
> ニックである

151

第 6 章　メンバ関数のオーバーライドと多態性

カプセル化とは、クラスが持つメンバの中で、クラスを使う人（オブジェクトを作って使う人／継承して使う人）にとって役に立たないものをprivate:やprotected:などのアクセス指定子で隠すことです。役に立つものだけを公開すれば、クラスを使う人にとってクラスがシンプルで使いやすくなり、プログラミングを効率化できます。メンバ変数のカプセル化は、不適切な値が代入されることを防ぐ効果もあります。

多態性とは、クラスを使う人から見れば同じメンバ関数を呼び出しているように思えるのに、実際には状況に応じて異なるメンバ関数が呼び出されることです。同じメンバ関数なのに異なる処理が行われるので、多態（多数の形態）だというわけです。

オブジェクト指向プログラミングを「オブジェクト間のメッセージパッシングによってプログラムの動作を表すことだ」ととらえるなら、「多態性とは、同じメッセージに対して異なるメンバ関数が呼び出されることだ」と説明できます。メッセージパッシングとは、メンバ関数を呼び出すことに他ならないからです。同じメンバ関数で複数の異なる処理を実現できるように見えるのですから、クラスを使う人は覚えることが少なくて済みます。後で具体例を示しますが、コードを短く記述できるようになります。すなわち、プログラミングを効率化できるのです。

● ここ が Point

オブジェクト指向プログラミングの絶対的な基礎は、クラスを定義し、クラスのオブジェクトを作り、メンバ変数やメンバ関数を利用することである

オブジェクト指向プログラミングを実践するために絶対的な基礎となることは、クラスを定義し、クラスのオブジェクトを作って、メンバ変数やメンバ関数を利用することです。クラスは、定義しただけでは使えません。クラスがメモリ上にコピーされて実体となったオブジェクトを使うのです。

継承、カプセル化、多態性は、どれもクラスを対象としたテクニックです。これらは、オブジェクト指向プログラミングの三本柱と呼ばれていても、プログラマの判断で使ってもいいし使わなくてもいいという補足的なテクニックです。ただし、補足的であっても、プログラミングを効率化できるのですから、大いに利用しましょう。

6-2-2　オーバーライドで多態性を実現する

復習が終わったところで、本題に戻りましょう。

この章の前半で説明したように、**オーバーライド**とは、基本クラスで定義され

152

た仮想関数の処理内容を派生クラスで上書き変更することです。オーバーライドは、継承したメンバ関数（仮想関数）の処理内容が派生クラスの目的に合わない場合に、メンバ関数のプロトタイプはそのままで、処理内容を自由に再定義できるという点で便利です。この仕組みを工夫して使うことで、多態性を実現し、クラスを使う側のコードを驚くほど短く効率的に記述できるようになります。

オーバーライドによる多態性のサンプルプログラムを作成してみましょう。ここでは、第5章で取り上げたDirectorクラス（役員を表す）、Managerクラス（課長を表す）、Salesmanクラス（営業マンを表す）、およびEmployeeクラス（従業員を表す）を使ったサンプルプログラムを改造します。第5章では、どれもメンバ変数だけのクラスとして定義しましたが、ここではshowData()というメンバ関数を追加します。Employeeクラスを基本クラスとした汎化を行う前のDirectorクラス、Managerクラス、Salesmanクラスのメンバは、Fig 6-4のようになります。

Fig 6-4 汎化を行う前のクラスとメンバ

3つのクラスに共通するメンバをまとめ、Employeeクラスを定義して**汎化**を行うと、次のページのFig 6-5のようになります。メンバ関数showData()が、Employeeクラスのメンバとなっていることに注目してください。

153

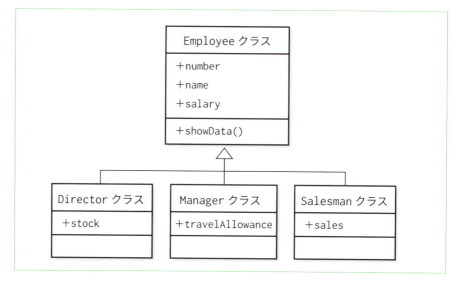

Fig 6-5 汎化を行った後のクラスとメンバ

　Fig 6-5をもとにしてプログラムを作成してみましょう。3つのクラスに共通するメンバをまとめたEmployeeクラスが基本クラスとして定義され、Directorクラス、Managerクラス、Salesmanクラスが、Employeeクラスを継承した派生クラスとして定義されます。Employeeクラスのメンバ関数showData()では、以下のようにEmployeeクラスが持つメンバ変数の値を画面に表示することになります。

```
// Employeeクラスの定義
class Employee {
public:
  int number;          // 社員番号
  char name[80];       // 氏名
  int salary;          // 給与
  void showData();     // メンバ変数の値を表示する
};

// メンバ関数の実装
void Employee::showData() {
  cout << "社員番号:" << number << "¥n";
  cout << "氏名:" << name << "¥n";
  cout << "給与:" << salary << "¥n";
}
```

　Employeeクラスを継承した派生クラスを定義してみましょう。まずは、Directorクラスからです。Directorクラスには、Employeeクラスで定義されて

6-2 メンバ関数のオーバーライドによる多態性

いる3つのメンバ変数に加えて、stock（株式保有数を表す）というメンバ変数が
あります。したがって、Directorクラスの定義は以下のようになります。

```
// Directorクラスの定義
class Director : public Employee {
public:
  int stock;      // 株式保有数
};
```

　おっと！ ここで問題が生じました。Directorクラスは、Employeeクラスのメ
ンバ関数showData()を継承します。ところが、このshowData()を呼び出すこと
で画面に表示されるのは、Employeeクラスの3つのメンバ変数の値だけであり、
Directorクラスで新たに追加されたメンバ変数stockの値は表示されません。つ
まり、継承したメンバ関数の機能が派生クラスの目的に合わないわけです。
　この問題を解決するには、どうしたらよいでしょうか？ そうです、Employee
クラスのshowData()に**virtual**を指定して**仮想関数**とし、Directorクラスで
showData()を**オーバーライド**して、メンバ変数stockの値も表示されるようにす
ればよいのです。これは、ManagerクラスとSalesmanクラスでも同様です。
　問題を解決した完全なコードをList 6-3とList 6-4に示します。ここでは、引
数のないコンストラクタと引数を持つコンストラクタを追加しています（これは
オーバーロードです）。List 6-3はクラスの定義ですから、Company.hという
ファイル名のヘッダーファイルとして作成してください。List 6-4はクラスのメ
ンバ関数の実装ですから、Company.cppというファイル名のソースファイルと
して作成してください。

List 6-3
クラスを定義する
ヘッダーファイル

```
// Employeeクラスの定義
class Employee {
public:
  int number;           // 社員番号
  char name[80];        // 氏名
  int salary;           // 給与
  virtual void showData();                  // メンバ変数の値を表示する
  Employee();                               // 引数のないコンストラクタ
  Employee(int nu, const char *na, int sa); // 引数を持つコンストラクタ
};

// Directorクラスの定義
class Director : public Employee {
```

155

第 **6** 章 メンバ関数のオーバーライドと多態性

```cpp
public:
  int stock;            // 株式保有数
  void showData();      // メンバ変数の値を表示する
  Director();           // 引数のないコンストラクタ
  Director(int nu, const char *na, int sa, int st); // 引数を持つコンストラクタ
};

// Manager クラスの定義
class Manager : public Employee {
public:
  int travelAllowance; // 出張費
  void showData();      // メンバ変数の値を表示する
  Manager();            // 引数のないコンストラクタ
  Manager(int nu, const char *na, int sa, int tr); // 引数を持つコンストラクタ
};

// Salesman クラスの定義
class Salesman : public Employee {
public:
  int sales;            // 売上
  void showData();      // メンバ変数の値を表示する
  Salesman();           // 引数のないコンストラクタ
  Salesman(int nu, const char *na, int sa, int ss); // 引数を持つコンストラクタ
};
```

List 6-4
メンバ関数を
実装する
ソースファイル

```cpp
#include <iostream>
#include <cstring>
#include "Company.h"
using namespace std;

// Employee クラスのメンバ関数の実装
void Employee::showData() {
  cout << "社員番号:" << number << "\n";
  cout << "氏名:" << name << "\n";
  cout << "給与:" << salary << "\n";
}

// Employee クラスの引数のないコンストラクタの実装
Employee::Employee() {
  number = 0;
  strcpy(name, "未設定");
  salary = 150000;
}

// Employee クラスの引数を持つコンストラクタの実装
```

156

6-2　メンバ関数のオーバーライドによる多態性

```cpp
Employee::Employee(int nu, const char *na, int sa) {
  number = nu;
  strcpy(name, na);
  salary = sa;
}

// Directorクラスのメンバ関数の実装
void Director::showData() {
  Employee::showData();
  cout << "株式保有数：" << stock << "¥n";
}

// Directorクラスの引数のないコンストラクタの実装
Director::Director() {
  stock = 100;
}

// Directorクラスの引数を持つコンストラクタの実装
Director::Director(int nu, const char *na, int sa, int st) : Employee(nu, na, sa) {
  stock = st;
}

// Managerクラスのメンバ関数の実装
void Manager::showData() {
  Employee::showData();
  cout << "出張費：" << travelAllowance << "¥n";
}

// Managerクラスの引数のないコンストラクタの実装
Manager::Manager() {
  travelAllowance = 10000;
}

// Managerクラスの引数を持つコンストラクタの実装
Manager::Manager(int nu, const char *na, int sa, int tr) : Employee(nu, na, sa) {
  travelAllowance = tr;
}

// Salesmanクラスのメンバ関数の実装
void Salesman::showData() {
  Employee::showData();
  cout << "売上：" << sales << "¥n";
}

// Salesmanクラスの引数のないコンストラクタの実装
Salesman::Salesman() {
```

157

第 **6** 章 メンバ関数のオーバーライドと多態性

```
    sales = 0;
}

// Salesman クラスの引数を持つコンストラクタの実装
Salesman::Salesman(int nu, const char *na, int sa, int ss) : Employee(nu, na, sa) {
    sales = ss;
}
```

　　クラスを作る人の作業と、クラスを継承して使う人の作業は、これで終わりです。ここから先は、クラスのオブジェクトを作って使う人の作業となります（ただし皆さんは、すべての役割を兼務しています）。

　　引数を持つコンストラクタを使ってDirectorクラス、Managerクラス、Salesmanクラスのオブジェクトを作成し、メンバ関数showData()を呼び出してみましょう。main()関数のコードは、List 6-5のようになります。なお、List 6-5はオーバーライドによる多態性を利用していません。この後のList 6-6でその例を示します。

List 6-5
オーバーライドによる
多態性を使わないコード

```
#include <iostream>
#include "Company.h"
using namespace std;

// クラスを使う側のコード
int main() {
    // オブジェクトを作成する
    Director d(1111, "役員一郎", 500000, 1000);
    Manager m1(2222, "課長一郎", 350000, 10000);
    Manager m2(3333, "課長次郎", 300000, 5000);
    Salesman s1(4444, "営業一郎", 230000, 1235);
    Salesman s2(5555, "営業次郎", 250000, 4567);
    Salesman s3(6666, "営業三郎", 270000, 6789);

    // メンバ関数を呼び出す
    d.showData();
    cout << "*******************¥n";
    m1.showData();
    cout << "*******************¥n";
    m2.showData();
    cout << "*******************¥n";
    s1.showData();
    cout << "*******************¥n";
    s2.showData();
    cout << "*******************¥n";
    s3.showData();
    cout << "*******************¥n";
```

158

6-2 メンバ関数のオーバーライドによる多態性

```
    return 0;
}
```

List 6-5の実行結果

```
社員番号：1111
氏名：役員一郎
給与：500000
株式保有数：1000
********************
社員番号：2222
氏名：課長一郎
給与：350000
出張費：10000
********************
社員番号：3333
氏名：課長次郎
給与：300000
出張費：5000
********************
社員番号：4444
氏名：営業一郎
給与：230000
売上：1235
********************
社員番号：5555
氏名：営業次郎
給与：250000
売上：4567
********************
社員番号：6666
氏名：営業三郎
給与：270000
売上：6789
********************
```

ここがPoint

オーバーライドによる多態性によって、クラスを使う側のコードを効率的に記述できる

　List 6-5のコードは、正しく動作します。何も問題ありません。ただし、ここでオーバーライドによる多態性のテクニックを使うと、コードをより短く効率的に記述できるのです。オーバーライドによる多態性は、クラスのオブジェクトを作って使う人が実践するテクニックなのです（もちろんクラスを作る人が準備しておく必要があります）。

　オーバーライドによる多態性は、C++の言語仕様として、「基本クラスのポインタに派生クラスのオブジェクトのポインタを代入できる」というイレギュラー

第 6 章　メンバ関数のオーバーライドと多態性

> **ここが Point**
> 基本クラスのポインタに派生クラスのオブジェクトのポインタを代入できる

> **ここが Point**
> 基本クラスのポインタから利用できるのは、基本クラスで定義されているメンバだけである

なルールがあることによって実現されます。本来であれば、ポインタの代入は同じデータ型どうしで行わなければならないのですが、「基本クラスのポインタ←派生クラスのオブジェクトのポインタ」だけは、例外的に許可されているのです。

ただし、この場合には、「**基本クラスのポインタから利用できるのは、基本クラスで定義されているメンバだけである**」という制限があります。この制限があることで、プログラムは問題なく動作します。なぜなら、基本クラスのすべてのメンバは、派生クラスに必ず継承されているからです。派生クラスのオブジェクトのポインタが基本クラスのポインタに代入され、基本クラスのポインタから基本クラスのメンバだけを利用すれば、それらのメンバは必ず派生クラスのオブジェクトが持っていることになります（Fig 6-6）。

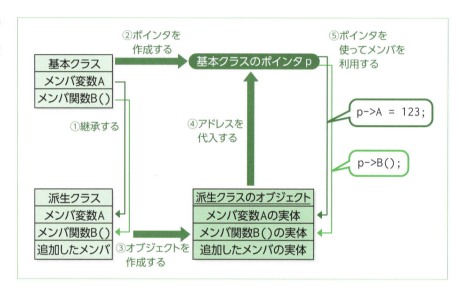

Fig 6-6　基本クラスのポインタで派生クラスのメンバ関数を利用する

オーバーライドによる多態性を使ってmain()関数の内容を改良すると、List 6-6のようになります。基本クラスであるEmployeeクラスのポインタの配列を宣言し、配列の個々の要素に、Directorクラスのオブジェクトのポインタ、Managerクラスのオブジェクトのポインタ、Salesmanクラスのオブジェクトのポインタを代入しています。基本クラスのポインタに派生クラスのオブジェクトのポインタを代入しているわけです。

最も注目してほしいのは、for文の中にあるp[i]->showData(); です。p[i]は、Employeeクラスのポインタの配列です。見た目には、同じshowData()が呼び出されているように見えます。ただし、実際には、p[i]にさまざまな派生クラスの

6-2　メンバ関数のオーバーライドによる多態性

オブジェクトのポインタが代入されているので、さまざまにオーバーライドされたshowData()が呼び出されます。すなわち、同じメッセージ（同じメンバ関数呼び出し）に対してさまざまな処理が行われることになります。これが、オーバーライドによる多態性です！

List 6-6
オーバーライドによる
多態性を使った
効率的なコード

```cpp
#include <iostream>
#include "Company.h"
using namespace std;

// クラスを使う側のコード
int main() {
  // 基本クラスのポインタの配列を作成する
  Employee *p[6];

  // 派生クラスのオブジェクトを作成し、基本クラスのポインタに代入する
  Director y(1111, "役員一郎", 500000, 1000);
  p[0] = &y;
  Manager b1(2222, "課長一郎", 350000, 10000);
  p[1] = &b1;
  Manager b2(3333, "課長次郎", 300000, 5000);
  p[2] = &b2;
  Salesman e1(4444, "営業一郎", 230000, 1235);
  p[3] = &e1;
  Salesman e2(5555, "営業次郎", 250000, 4567);
  p[4] = &e2;
  Salesman e3(6666, "営業三郎", 270000, 6789);
  p[5] = &e3;

  // メンバ関数を呼び出す
  for (int i = 0; i < 6; i++) {
    p[i]->showData();
    cout << "********************¥n";
  }

  return 0;
}
```

ここがPoint
派生クラスのさまざまな
オブジェクトを基本クラ
スのポインタの配列で一
元管理できる

　List 6-6の実行結果は、List 6-5と同じです。オーバーライドによる多態性を使ったからといって、プログラムの実行結果が変わるわけではありません。ただし、List 6-6のコードのほうがList 6-5より効率的であることがわかるでしょう。**複数の異なる派生クラスのオブジェクトを基本クラスのポインタの配列で一元管理し、for文を使った繰り返しでまとめて処理できる**からです。

第 **6** 章 メンバ関数のオーバーライドと多態性

　オブジェクトの数が少ない場合には、それほどメリットを感じないかもしれませんが、従業員が1,000人でオブジェクトの数も1,000個となった状況を思い浮かべてみてください。派生クラスのオブジェクトをバラバラに取り扱うより、基本クラスのポインタで一元管理したほうが効率的であることは容易に想像できるはずです。

6-2-3 純粋仮想関数と抽象クラス

　オブジェクト指向プログラミングを学ぶときに、よくテーマとされるサンプルプログラムがあります。それは、オーバーライドによる多態性を活用した「お絵かきプログラム」です。本格的なお絵かきプログラムは、グラフィックスを駆使したものとなりますが、ここでは、"○"、"△"、"□"という文字を図形の代用として表示する簡易版を作ってみましょう。List 6-7に示します。

List 6-7
簡易お絵かきプログラム

```cpp
#include <iostream>
using namespace std;

// 図形を表す基本クラスの定義
class Figure {
public:
  virtual void draw(); // 仮想関数
};

// 基本クラスのメンバ関数の実装
void Figure::draw() {
  // 処理内容なし
}

// 円を表す派生クラスの定義
class Circle : public Figure {
public:
  void draw(); // 仮想関数のオーバーライド
};

// Circleクラスのdraw()の実装
void Circle::draw() {
  cout << "○";
}
```

6-2 メンバ関数のオーバーライドによる多態性

```cpp
// 三角を表す派生クラスの定義
class Triangle : public Figure {
public:
  void draw();  // 仮想関数のオーバーライド
};

// Triangleクラスのdraw()の実装
void Triangle::draw() {
  cout << "△";
}

// 四角を表す派生クラスの定義
class Rectangle : public Figure {
public:
  void draw();  // 仮想関数のオーバーライド
};

// Rectangleクラスのdraw()の実装
void Rectangle::draw() {
  cout << "□";
}

// クラスを使う側のコード
int main() {
  // 基本クラスのポインタの配列を作成する
  Figure *p[100];

  // 派生クラスのオブジェクトを作成し、基本クラスのポインタに代入する
  Circle c1;
  p[0] = &c1;
  Triangle t1, t2;
  p[1] = &t1;
  p[2] = &t2;
  Rectangle r1, r2, r3;
  p[3] = &r1;
  p[4] = &r2;
  p[5] = &r3;
  p[6] = NULL;

  // 図形を描画する
  int i;
  for (i = 0; p[i] != NULL; i++) {
    p[i]->draw();
  }
  cout << "¥n";
```

163

```
    // 先頭から3番目の図形を削除する
    for (i = 2; i < 5; i++) {
      p[i] = p[i + 1];
    }
    p[i] = NULL;

    // 図形を再描画する
    for (i = 0; p[i] != NULL; i++) {
      p[i]->draw();
    }
    cout << "¥n";

    return 0;
  }
```

　List 6-7では、基本クラスとしてFigureクラス（図形を表す）があり、Figureクラスを継承した派生クラスとしてCircleクラス（円を表す）、Triangleクラス（三角を表す）、Rectangleクラス（四角を表す）があります。Figureクラスで定義されているメンバ関数draw()は、もともとCircleクラス、Triangleクラス、Rectangleクラスのメンバ関数だったものを、Figureクラスに**汎化**したものです（Fig 6-7）。

Fig 6-7 お絵かきプログラムで使われているクラス

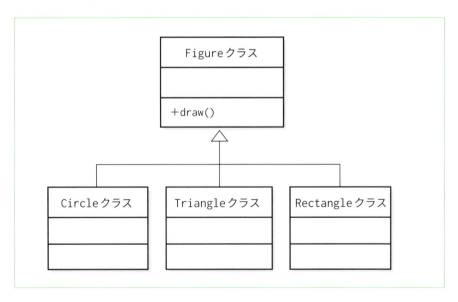

6-2 メンバ関数のオーバーライドによる多態性

Figureクラスでdraw()の処理内容を実装しようと思っても、何を描画すればよい
のかわかりません。仕方なく処理内容なしの仮想関数として、派生クラスでオー
バーライドしています。さて、ここがポイントです。汎化してFigureクラスに
draw()を定義したものの、Figureクラスでは処理内容の書きようがないので、派生
クラスでdraw()を必ずオーバーライドしています。「そんな無駄なことをするくら
いなら、汎化など行わないほうが効率的だ」などと思われる人は、まだオーバーラ
イドによる多態性のメリットがわかっていません。基本クラスでdraw()を定義し、
それを派生クラスでオーバーライドしているからこそ、基本クラスのポインタの配
列で、さまざまな派生クラスのオブジェクトを一元管理できるのです。

❗ ここが Point

配列にまとめられたデー
タは、for文を使って容
易に処理できる

大量のデータを取り扱うプログラムの基本は、配列を使うことです。**配列にま
とめられたデータは、for文を使って、要素の追加、削除、並び替え、探索など
が容易に行えます。**

List 6-7のmain()関数の中では、まず配列の6つの要素に適当な図形のオブ
ジェクトのポインタを代入し、6つの図形を描画しています。次に、先頭から3
つ目の図形を削除し、その結果を再描画しています。このような処理が、for文
で驚くほど効率的に実現できることに注目してください。

List 6-7の実行結果

```
○△△□□□
○△□□□
```

ただし、List 6-7に示したお絵かきプログラムには、1つだけ問題があります。
それは、クラスのオブジェクトを作って使う人が、間違ってFigureクラスのオブ
ジェクトを作成してdraw()関数を呼び出すと、画面には何も表示されないとい
うことです。Figureクラスは、オーバーライドによる多態性を実現するために定
義されています。継承されて使われるためだけのものなのです。

この問題を解決するためには、Figureクラスの仮想関数draw()を以下の構文
で定義します。draw()の定義の末尾に = 0 を置くのです。このような仮想関数を
純粋仮想関数と呼びます。

```
class Figure {
public:
  virtual void draw() = 0;       // 純粋仮想関数
};
```

165

第 **6** 章 メンバ関数のオーバーライドと多態性

純粋仮想関数には、関数の実装を記述しません。したがって、処理内容の記述のしようがないdraw()を空実装するという無駄を排除できます。

ここが Point

抽象クラスは、オブジェクトを作成して使うことができない

純粋仮想関数を1つでも持っているクラスを**抽象クラス**と呼びます。抽象クラスは、実装のないメンバ関数（すなわち純粋仮想関数）を持っているという性質上、オブジェクトを作って使うことができません。もしもdraw()を純粋仮想関数としたFigureクラスのオブジェクトを作って使おうとすると、コンパイルエラーになります。したがって、クラスのオブジェクトを作成して使う人が、間違ってFigureクラスのオブジェクトを作成してdraw()関数を呼び出す心配が不要になります。

ここが Point

抽象クラスを継承した場合には、純粋仮想関数をオーバーライドしなければならない

抽象クラスを継承する派生クラスでは、純粋仮想関数をオーバーライドして処理内容を実装しないとコンパイルエラーになります。したがって、クラスを継承して使う人が、うっかりオーバーライドを忘れる心配も不要になります。

ここが Point

抽象クラスのポインタに派生クラスのオブジェクトのポインタを代入できる

抽象クラスのオブジェクトを作って使うことはできませんが、抽象クラスのポインタを宣言して使うことは可能です。**抽象クラスのポインタには、もちろん派生クラスのオブジェクトのポインタを代入して、オーバーライドによる多態性を利用します。**

純粋仮想関数と抽象クラスの仕組みは、実に素晴らしいものです。Figureクラスのdraw()を純粋仮想関数に変更し、Figureクラスを抽象クラスとした改良版のお絵かきプログラムをList 6-8に示します。変更したのはFigureクラスだけであり、3つの派生クラスとmain()関数の内容は、List 6-7と同じです。実行結果もList 6-7と同様です。

List 6-8
簡易お絵かきプログラム
（改良版）

```cpp
#include <iostream>
using namespace std;

// 図形を表す基本クラス（抽象クラス）の定義
class Figure {
public:
  virtual void draw() = 0;    // 純粋仮想関数
};

// 円を表す派生クラスの定義
class Circle : public Figure {
public:
  void draw();          // 純粋仮想関数のオーバーライド
};

// Circleクラスのdraw()の実装
```

166

6-2 メンバ関数のオーバーライドによる多態性

```cpp
void Circle::draw() {
  cout << "○";
}

// 三角を表す派生クラスの定義
class Triangle : public Figure {
public:
  void draw();            // 純粋仮想関数のオーバーライド
};

// Triangleクラスのdraw()の実装
void Triangle::draw() {
  cout << "△";
}

// 四角を表す派生クラスの定義
class Rectangle : public Figure {
public:
  void draw();            // 純粋仮想関数のオーバーライド
};

// Rectangleクラスのdraw()の実装
void Rectangle::draw() {
  cout << "□";
}

// クラスを使う側のコード
int main() {
  // 基本クラス（抽象クラス）のポインタの配列を作成する
  Figure *p[100];

  // 派生クラスのオブジェクトを作成し、基本クラスのポインタに代入する
  Circle c1;
  p[0] = &c1;
  Triangle t1, t2;
  p[1] = &t1;
  p[2] = &t2;
  Rectangle r1, r2, r3;
  p[3] = &r1;
  p[4] = &r2;
  p[5] = &r3;
  p[6] = NULL;

  // 図形を描画する
  int i;
  for (i = 0; p[i] != NULL; i++) {
```

167

第 6 章　メンバ関数のオーバーライドと多態性

```
      p[i]->draw();
    }
    cout << "¥n";

    // 先頭から3番目の図形を削除する
    for (i = 2; i < 5; i++) {
      p[i] = p[i + 1];
    }
    p[i] = NULL;

    // 図形を再描画する
    for (i = 0; p[i] != NULL; i++) {
      p[i]->draw();
    }
    cout << "¥n";

    return 0;
}
```

　第1章のコラムでお話したように、構造体とポインタをマスターし、自己参照構造体によるリスト構造を使いこなせるようになれば、C言語プログラマとして合格です。C++を使うオブジェクト指向プログラマの場合は、メンバ関数のオーバーライドによる多態性のメリットを理解して使いこなせるようになれば、1つ上のステップに達したと言えます。

　オーバーライドによる多態性のメリットは、さまざまな派生クラスのオブジェクトを基本クラスで一元管理することによって、コードを短く効率的に記述できることです。メンバ関数のオーバーライドによる多態性を理解できた人は、オブジェクト指向プログラミングを楽しいものと感じられるようになったでしょう。もしも、まだ楽しさが十分に実感できないのであれば、この章をもう一度読み直して復習してください。

確 認 問 題

Q1 以下の説明に該当する言葉または表記を選択肢から選んでください。

(1) 基本クラスのメンバ関数を派生クラスで上書き変更すること
(2) virtualが指定されたメンバ関数
(3) 同じメンバ関数の呼び出しがオブジェクトごとに独自の動作になること
(4) 純粋仮想関数を持つクラス
(5) 複数のクラスを汎化したクラス

選択肢

ア 抽象クラス **イ** インライン関数 **ウ** 多態性 **エ** オーバーロード
オ 基本クラス **カ** カプセル化 **キ** 仮想関数 **ク** オーバーライド

Q2 以下のプログラムの空欄に適切な語句や演算子を記入してください。

```
// 基本クラスMyClassのfunc2関数の実装
void MyClass::func2(const char *s) {
  cout << s << "¥n";
}


// 派生クラスNewClassから基本クラスMyClassのfunc2関数を呼び出す
void NewClass::func2(const char *s) {
  cout << "文字列データ:";
  [  (1)  ]::func2(s);
}


// 図形を表すFigureに純粋仮想関数void draw()を定義する
class Figure {
public:
  [  (2)  ] void draw() [  (3)  ];
};
```

解答は **300ページ** にあります。

COLUMN

C++ならではの特徴である多重継承

　複数の基本クラスを同時に継承した派生クラスを定義することもでき、これを「多重継承」と呼びます。たとえば、Fatherクラス（父親を表す）とMotherクラス（母親を表す）という2つのクラスを継承したChildクラス（子どもを表す）の定義は、以下のようになります。2つの基本クラスをカンマで区切って指定していることに注目してください。

```
// 多重継承した派生クラスの定義
class Child : public Father, public Mother {

};
```

　多重継承は、それなりに便利なものですが、問題もあります。もしも上記の例でFatherクラスとMotherクラスが、Humanクラス（人間を表す）を基本クラスとして派生したものだとしたらどうなるでしょう？ FatherクラスとMotherクラスを多重継承したChildクラスは、同じHumanクラスのメンバを2つ一緒に継承してしまうことになります。

　この問題は、Humanクラスを継承するときにvirtualキーワードを指定する「仮想基本クラス」と呼ばれるテクニックを使って解決できますが、そんな面倒なことを覚えなければならないのでは、オブジェクト指向プログラミングが嫌いになってしまいますね。

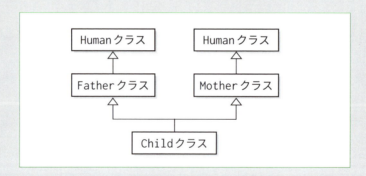

　C++をベースとして開発されたいくつかのプログラミング言語の中には、多重継承ができない言語仕様のものがあります。すなわち、派生クラスの基本クラスは1つでなければならないわけです。これを「単一継承」と呼びます。多重継承ができないプログラミング言語では、単一継承しかできなくてもプログラミングに困ることはないのですから、C++でも、たとえ多重継承ができても単一継承だけを使ってプログラミングしても問題ないわけです。父親（Fatherクラス）と母親（Motherクラス）を多重継承して子ども（Childクラス）を定義するという表現ができなくて困ると思うなら、親（Parentクラス）を単一継承して子ども（Childクラス）を定義するという表現にすればよいのです。

第 **7** 章

オブジェクトの
作成と破棄

この章では、オブジェクトがメモリ上に作成される
タイミングと、メモリからオブジェクトが破棄され
るタイミングを説明します。オブジェクトの作成方
法によって、それぞれタイミングが異なります。前
半では、関数の内部で作成されたローカルオブジェ
クト、関数の外部で作成されたグローバルオブジェ
クト、およびstaticキーワードが指定された静的オ
ブジェクトの違いを説明します。後半では、静的メ
ンバ変数と呼ばれる特殊なメンバ変数の仕組みと、
それを活用するテクニックを説明します。オブジェ
クトを作ってクラスを使う人は、どのようなタイミ
ングでオブジェクトが作成され破棄されるかを知っ
ておく必要があります。メモリ上に存在しないオブ
ジェクトは利用できないからです。

第7章 オブジェクトの作成と破棄

7-1 オブジェクトと一般的な変数の類似点

- ▶ ローカルオブジェクトとグローバルオブジェクトの違い
- ▶ オブジェクトのためのメモリ領域の確保と解放
- ▶ 静的オブジェクトの役割と定義方法

7-1-1 ローカルオブジェクトとグローバルオブジェクト

❗ここが Point

関数の内部で宣言され、関数の中だけで利用できる変数をローカル変数と呼ぶ

❗ここが Point

関数の外部で宣言され、プログラムのあらゆる部分から利用できる変数をグローバル変数と呼ぶ

❗ここが Point

ローカル変数のためのメモリ領域は、関数が呼び出されるたびに確保され、関数を抜けるときに解放される

❗ここが Point

グローバル変数のためのメモリ領域は、プログラムの起動時に確保され、プログラムの終了時に解放される

クラスをデータ型とした変数を宣言することで、クラスのコピーがメモリ上に作成されます。メモリ上のクラスのコピーのことを**オブジェクト**と呼びます。クラスをデータ型とした変数の宣言方法は、int型やdouble型などの一般的な変数と同じです。さらに、オブジェクトが作成されるタイミングと破棄されるタイミングも、一般的な変数を宣言した場合と同じになっています。

一般的な変数の宣言方法と、宣言によって変数のためのメモリ領域がメモリ上に確保されるタイミングと、メモリ領域が解放されるタイミングを復習しておきましょう。

プログラムの中で一般的な変数を宣言する場所は、2つあります。**関数の内部と外部**です。関数の内部で宣言された変数を**ローカル変数**と呼びます。関数の中だけで利用できる変数だからローカル（local＝局所的な）というわけです。**関数の外部で宣言された変数を**グローバル変数**と呼びます。プログラムのあらゆる部分から利用できる変数だからグローバル（global＝大域的な）というわけです。変数を利用できる範囲のことを**スコープ**と呼びます。スコープ（scope）とは、変数が「見える範囲」という意味です（Fig 7-1）。

ローカル変数のためのメモリ領域は、関数の中にプログラムの処理が流れ、int a; のような変数の宣言に行き当たったときに確保されます。このメモリ領域は、関数を抜けるときに解放されます。すなわち、関数が呼び出されるたびにメモリ領域の確保と解放が繰り返されるのです。**グローバル変数のためのメモリ領域は、プログラムの起動時に確保され、プログラムの終了時に解放されます。**サンプルプログラムを作って確かめてみましょう。

172

7-1 オブジェクトと一般的な変数の類似点

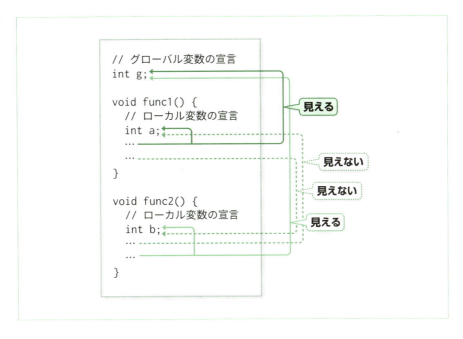

Fig 7-1 ローカル変数とグローバル変数のスコープ

　List 7-1は、main()とfunc()という2つの関数を持ったプログラムです。このプログラムには、関数の外部で宣言されたグローバル変数gと、関数func()の内部で宣言されたローカル変数aがあります。main()関数からfunc()を2回呼び出しています。

List 7-1 ローカル変数とグローバル変数

```
#include <iostream>
using namespace std;

// 関数のプロトタイプ宣言
void func();

// グローバル変数の宣言と初期化
int g = 123;

// プログラムの実行開始位置となる関数
int main() {
  // プログラムが起動したことを知らせる
  cout << "プログラムが起動しました！¥n";

  // グローバル変数の値を表示する
  cout << "gの値：" << g << "¥n";
```

第 7 章 オブジェクトの作成と破棄

```cpp
    // func()を2回呼び出す
    func();
    func();

    // プログラムが終了することを知らせる
    cout << "プログラムが終了します！¥n";

    return 0;
}

// main()関数から呼び出される関数
void func() {
    // 関数が呼び出されたことを知らせる
    cout << "func()が呼び出されました！¥n";

    // ローカル変数の宣言
    int a;

    // ローカル変数の値を表示する
    cout << "aの値：" << a << "¥n";

    // ローカル変数に値を代v入する
    a = 456;

    // 関数を抜けることを知らせる
    cout << "func()を抜けます！¥n";
}
```

　グローバル変数gには、宣言と同時に123という値が代入されています。グローバル変数のためのメモリ領域はプログラムの起動時に確保され、そこに123という値が格納されます。したがって、main()関数の最初の処理としてgの値を画面に表示することができます。

　func()の中では、ローカル変数aを宣言した直後に、aの値を画面に表示しています。ローカル変数のためのメモリ領域は、関数の中に処理が流れてきたときに確保され、その値は不定です。したがって、コンパイル時に警告が示され、プログラムを実行すると画面にゴミデータ（意味のない値）が表示されます。func()では、関数を抜ける直前にローカル変数aに456という値を代入しています。ところが関数を抜けるときにローカル変数のためのメモリ領域は解放されてしまうので、456という値は消えてなくなってしまいます。そのため、main()関数から2回目のfunc()呼び出しを行っても、画面には456ではなくゴミデータが表示されます。List 7-1の実行結果で確認してください。

！ここがPoint

プログラムを実行するタイミングによっては、解放されたメモリが他の用途に使われずに、456が表示されることもある

174

List 7-1 の実行結果

```
プログラムが起動しました！
gの値：123
func()が呼び出されました！
aの値：2147348480
func()を抜けます！
func()が呼び出されました！
aの値：2147348480
func()を抜けます！
プログラムが終了します！
```

ここが Point
ローカルオブジェクトのためのメモリ領域は、関数が呼び出されるたびに確保され、関数を抜けるときに解放される

ここが Point
グローバルオブジェクトのためのメモリ領域は、プログラムの起動時に確保され、プログラムの終了時に解放される

　一般的な変数のスコープと、変数のためのメモリ領域が確保および解放されるタイミングは、クラスをデータ型とした変数（すなわちオブジェクト）でも同じです。なぜなら、たとえオブジェクトであっても、コード上は一般的な変数と同じ構文で取り扱っているからです。

　関数の内部で作成されたオブジェクトは、同じ関数の中からだけ利用できます。これを**ローカルオブジェクト**と呼びます。関数の外部で作成されたオブジェクトは、プログラムのあらゆる部分から利用できます。これを**グローバルオブジェクト**と呼びます（Fig 7-2）。

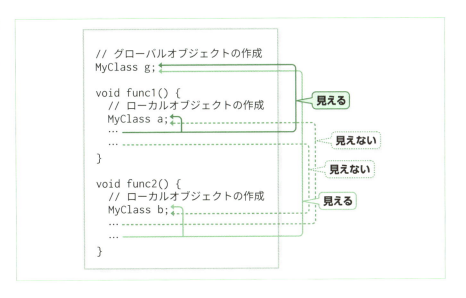

Fig 7-2 ローカルオブジェクトとグローバルオブジェクトのスコープ

　一般的な変数の場合は、メモリ領域の「**確保**」と「**解放**」という言葉を使いましたが、オブジェクトの場合は、オブジェクトの「**作成**」と「**破棄**」という言葉を使うのが一般的です。モノを作る（作成）、モノを捨てる（破棄）というイメージに

第 **7** 章 オブジェクトの作成と破棄

合っているからです。オブジェクトの作成とは、オブジェクトのためのメモリ領域が確保されることです。オブジェクトの破棄とは、オブジェクトのためのメモリ領域が解放されることです。

一般的な変数の場合と同様に、ローカルオブジェクトは、関数の中にプログラムの処理が流れ、MyClass a;のようなオブジェクトの宣言に行き当たったときに作成されます。このオブジェクトは、関数を抜けるときに破棄されます。すなわち、関数が呼び出されるたびにオブジェクトの作成と破棄が繰り返されるのです。グローバルオブジェクトは、プログラムの起動時に作成され、プログラムの終了時に破棄されます。サンプルプログラムを作って確かめてみましょう。

List 7-2は、MyClassクラス、およびmain()とfunc()という2つの関数を持ったプログラムです。このプログラムには、関数の外部で宣言されたグローバルオブジェクトgと、関数func()の内部で宣言されたローカルオブジェクトaがあります。main()関数からfunc()を2回呼び出しています。

MyClassクラスには、メンバ変数myVal、オーバーロードされた2つのコンストラクタ、およびデストラクタがあります。オブジェクトが作成されるときにコンストラクタが呼び出され、オブジェクトが破棄されるときにデストラクタが呼び出されるので、呼び出されたことがわかるメッセージを画面に表示するようにしています。

List 7-2
ローカルオブジェクトと
グローバルオブジェクト

```cpp
#include <iostream>
using namespace std;

// クラスの定義
class MyClass {
public:
  int myVal;
  MyClass();
  MyClass(int m);
  ~MyClass();
};

// 引数のないコンストラクタの実装
MyClass::MyClass() {
  myVal = 0;
  cout << "コンストラクタが呼び出されました！¥n";
}

// 引数を持つコンストラクタの実装
MyClass::MyClass(int m) {
```

176

7-1 オブジェクトと一般的な変数の類似点

```cpp
  myVal = m;
  cout << "コンストラクタが呼び出されました！¥n";
}

// デストラクタの実装
MyClass::~MyClass() {
  cout << "デストラクタが呼び出されました！¥n";
}

// 関数のプロトタイプ宣言
void func();

// グローバルオブジェクトの作成
MyClass g(123);

// プログラムの実行開始位置となる関数
int main() {
  // プログラムが起動したことを知らせる
  cout << "プログラムが起動しました！¥n";

  // グローバルオブジェクトのメンバ変数の値を表示する
  cout << "g.myValの値：" << g.myVal << "¥n";

  // func()を2回呼び出す
  func();
  func();

  // プログラムが終了することを知らせる
  cout << "プログラムが終了します！¥n";

  return 0;
}

// main()関数から呼び出される関数
void func() {
  // 関数が呼び出されたことを知らせる
  cout << "func()が呼び出されました！¥n";

  // ローカルオブジェクトの作成
  MyClass a;

  // ローカルオブジェクトのメンバ変数の値を表示する
  cout << "a.myValの値：" << a.myVal << "¥n";

  // ローカルオブジェクトのメンバ変数に値を代入する
  a.myVal = 456;
```

177

第 **7** 章 オブジェクトの作成と破棄

```
    // 関数を抜けることを知らせる
    cout << "func()を抜けます！¥n";
}
```

ここが Point

グローバルオブジェクトのコンストラクタは、プログラムのmain( )関数より先に呼び出される

ここが Point

グローバルオブジェクトのデストラクタは、プログラムのmain( )関数の処理が終わってから呼び出される

　グローバルオブジェクトgは、プログラムの起動と同時に作成されます。その直後に引数を持つコンストラクタが123という値を渡されて呼び出されます。コンストラクタの処理が、main()関数の実行より先であることに注目してください。そのため、main()関数の最初の処理として、グローバルオブジェクトgのメンバ変数myValの値を画面に表示することができるのです。**グローバルオブジェクトの破棄は、main()関数の処理が終わってから行われ、そのタイミングでデストラクタが呼び出される**ことにも注目してください。

　func()の中では、ローカルオブジェクトaを作成した直後に、メンバ変数myValの値を表示しています。ここでは、引数のないコンストラクタが使われているので、myValの値はデフォルト値0で初期化されます。したがって、その直後に画面に表示されるmyValの値は0となります。

　func()では、関数を抜ける直前にメンバ変数myValに456という値を代入しています。ところが関数を抜けるときにローカルオブジェクトは破棄されてしまうので（デストラクタが呼び出されたことが証拠です）、456という値は消えてなくなってしまいます。そのため、main()関数から2回目のfunc()呼び出しを行っても、画面には456ではなくデフォルト値の0が表示されます。List 7-2の実行結果で確認してください。

List 7-2の実行結果

```
コンストラクタが呼び出されました！
プログラムが起動しました！
g.myValの値：123
func()が呼び出されました！
コンストラクタが呼び出されました！
a.myValの値：0
func()を抜けます！
デストラクタが呼び出されました！
func()が呼び出されました！
コンストラクタが呼び出されました！
a.myValの値：0
func()を抜けます！
デストラクタが呼び出されました！
プログラムが終了します！
デストラクタが呼び出されました！
```

178

7-1 オブジェクトと一般的な変数の類似点

7-1-2 静的オブジェクト

⓵ ここが Point

関数の内部でstaticキーワードを指定して宣言された変数を静的変数と呼ぶ

　関数の内部で**static**キーワードを指定して変数を宣言すると、関数がはじめて呼び出されたときに変数のためのメモリ領域が確保され、プログラムの終了時に解放されるようになります。スコープは関数の中だけです。このような変数を**静的変数**と呼びます。

　たとえば、以下では関数func()の内部で静的変数aが宣言されています。静的変数の初期値は123となっているので、最初にfunc()を呼び出したときには「静的変数の値：123」と画面に表示されます。func()の末尾で静的変数aの値がインクリメントされます。func()を抜けても静的変数aのためのメモリ領域が保持されるので、もう一度func()を呼び出すと、「静的変数の値：124」と画面に表示されます。

　ローカル変数とは異なり、静的変数の場合は、関数を呼び出すたびにメモリ領域の確保と解放が繰り返されるわけではありません。プログラムの動作中、メモリ上に静かに居座っているので、静的変数と呼ぶのです。

```
void func() {
    // 静的変数の宣言
    static int a = 123;

    // 静的変数の値を表示する
    cout << "静的変数の値：" << a << "¥n";

    // 静的変数の値をインクリメントする
    a++;
}
```

⓵ ここが Point

関数の内部でstaticキーワードを指定して宣言されたオブジェクトを静的オブジェクトと呼ぶ

　静的変数と同様に、関数の内部で**static**キーワードを指定してオブジェクトを作成すると、関数がはじめて呼び出されたときにオブジェクトのためのメモリ領域が作成され、プログラムの終了時に破棄されるようになります。スコープは関数の中だけです。このようなオブジェクトを**静的オブジェクト**と呼びます。

　たとえば、次のページでは関数func()の内部で静的オブジェクトobjが宣言されています。コンストラクタの引数に指定した値は456（この値はメンバ変数myValに設定されるとします）となっているので、最初にfunc()を呼び出したときには「メンバ変数の値：456」と画面に表示されます。func()の末尾で静的オブ

179

第7章 オブジェクトの作成と破棄

ジェクトのメンバ変数の値がインクリメントされます。func()を抜けても静的オブジェクトは破棄されないので、もう一度func()を呼び出すと、「メンバ変数の値：457」と画面に表示されます。

　ローカルオブジェクトとは異なり、静的オブジェクトの場合は、関数を呼び出すたびにオブジェクトの作成と破棄が繰り返されるわけではありません。プログラムの動作中、メモリ上に静かに居座っているので、静的オブジェクトと呼ぶのです。

```
void func() {
    // 静的オブジェクトの宣言
    static MyClass obj(456);

    // 静的オブジェクトのメンバ変数の値を表示する
    cout << "メンバ変数の値：" << obj.myVal << "¥n";

    // 静的オブジェクトのメンバ変数の値をインクリメントする
    obj.myVal++;
}
```

● ここが Point

静的オブジェクトのコンストラクタは、その宣言位置へプログラムが流れたときに一度だけ呼び出される

● ここが Point

静的オブジェクトのデストラクタは、プログラムの終了時に一度だけ呼び出される

　List 7-3は、静的変数と静的オブジェクトの特徴を確認するための実験プログラムです。func( )の中で静的オブジェクトのコンストラクタが呼び出されますが（このタイミングはグローバルオブジェクトとは異なります）、2回目のfunc( )の呼び出しではコンストラクタが呼び出されないことに注目してください。

　静的オブジェクトのデストラクタは、プログラムの終了時に呼び出されます（このタイミングはグローバルオブジェクトと同じです）。つまり、静的オブジェクトとグローバルオブジェクトは、作成されるタイミングが異なりますが、破棄されるタイミングは同じなのです。

List 7-3
静的変数と静的オブジェクトの実験プログラム

```
#include <iostream>
using namespace std;

// クラスの定義
class MyClass {
public:
    int myVal;
    MyClass();
    MyClass(int m);
    ~MyClass();
```

7-1 オブジェクトと一般的な変数の類似点

```cpp
};

// 引数のないコンストラクタの実装
MyClass::MyClass() {
  myVal = 0;
  cout << "コンストラクタが呼び出されました！\n";
}

// 引数を持つコンストラクタの実装
MyClass::MyClass(int m) {
  myVal = m;
  cout << "コンストラクタが呼び出されました！\n";
}

// デストラクタの実装
MyClass::~MyClass() {
  cout << "デストラクタが呼び出されました！\n";
}

// 関数のプロトタイプ宣言
void func();

// プログラムの実行開始位置となる関数
int main() {
  // プログラムが起動したことを知らせる
  cout << "プログラムが起動しました！\n";

  // func()を2回呼び出す
  func();
  func();

  // プログラムが終了することを知らせる
  cout << "プログラムが終了します！\n";

  return 0;
}

// main()関数から呼び出される関数
void func() {
  // 関数が呼び出されたことを知らせる
  cout << "func()が呼び出されました！\n";

  // 静的変数の宣言
  static int a = 123;

  // 静的変数の値を表示する
```

181

第 **7** 章　オブジェクトの作成と破棄

```
    cout << "静的変数の値：" << a << "¥n";

    // 静的変数の値をインクリメントする
    a++;

    // 静的オブジェクトの宣言
    static MyClass obj(456);

    // 静的オブジェクトのメンバ変数の値を表示する
    cout << "メンバ変数の値：" << obj.myVal << "¥n";

    // 静的オブジェクトのメンバ変数の値をインクリメントする
    obj.myVal++;

    // 関数を抜けることを知らせる
    cout << "func()を抜けます！¥n";
}
```

List 7-3の実行結果

```
プログラムが起動しました！
func()が呼び出されました！
静的変数の値：123
コンストラクタが呼び出されました！
メンバ変数の値：456
func()を抜けます！
func()が呼び出されました！
静的変数の値：124
メンバ変数の値：457
func()を抜けます！
プログラムが終了します！
デストラクタが呼び出されました！
```

　ここまでの説明を読んで、オブジェクトを作ってクラスを使う場合には、ローカルオブジェクト、グローバルオブジェクト、または静的オブジェクトのどれを使えばよいのだろう？ と悩んでしまったかもしれませんね。

　皆さんには、C言語の経験があるはずです。C言語のプログラミングでは、適切に変数を使い分けていたはずです。オブジェクトに関しても変数と同様に考えてください。

　すなわち、**プログラムのあらゆる部分から利用するならグローバルオブジェクト、特定の関数（単独の関数またはクラスが持つメンバ関数）の中だけで利用するならローカルオブジェクトにすればよいのです。**

　グローバルオブジェクトとローカルオブジェクトの使い分けが基本になりま

❗ここが Point

ローカルオブジェクト、グローバルオブジェクト、静的オブジェクトの使い分けの方法は、ローカル変数、グローバル変数、静的変数の使い分けの方法と同様である

182

す。静的オブジェクトは、滅多に使うことのない特殊なものだと考えてください（Fig 7-3）。皆さんは、静的変数を滅多に使ったことがないでしょう。それと同じことです。

Fig 7-3
オブジェクトの種類と
使い分け

グローバルオブジェクト………… プログラムのあらゆる部分から利用する

ローカルオブジェクト ………… 特定の関数やメンバ関数の中だけで利用する

静的オブジェクト………………… 特殊な場面だけで利用する（滅多に利用しない）

第 **7** 章 オブジェクトの作成と破棄

7-2 静的メンバ変数

▶ 静的メンバ変数の役割と使い方
▶ 生成されたオブジェクトの数をカウントする方法

7-2-1 static キーワードを指定したメンバ変数

　これまで何度も例にしてきたEmployeeクラスを以下のように定義したとします。Employeeクラスには、3つのメンバ変数があります。これらのメンバ変数は、Employeeクラスのオブジェクトが作成された時点でメモリ上に実体を持ちます。グローバルオブジェクト、ローカルオブジェクト、または静的オブジェクトのいずれの場合であっても、3つのメンバ変数のセットがメモリ上に実体を持つのは、オブジェクトが作成されたときです。

```
class Employee {
public:
  int number;        // 社員番号
  char name[80];     // 氏名
  int salary;        // 給与
};
```

　Employeeクラスに、会社名を表すcompanyNameというメンバ変数を追加することにしましょう。以下のようになります。

```
class Employee {
public:
  char companyName[80];   // 会社名
  int number;             // 社員番号
  char name[80];          // 氏名
  int salary;             // 給与
};
```

さて、ここからが本題です。companyNameを追加したEmployeeクラスのオブジェクトtanaka、sato、suzuki（田中さん、佐藤さん、鈴木さんを表す）を作成すると、Fig 7-4に示すように、メモリ上にEmployeeクラスのオブジェクトが3つ作成され、それぞれcompanyName、number、name、salaryという4つのメンバ変数のセットを持つことになります。このままでは、何か無駄があることに気が付きませんか？

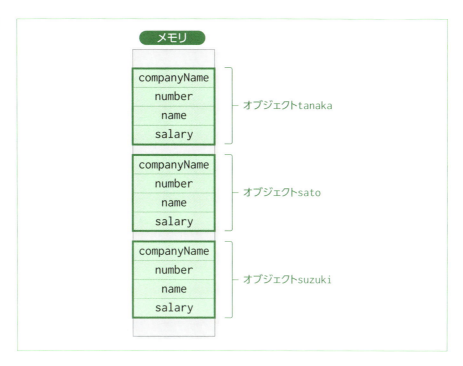

Fig 7-4
メモリ上に作成された
3つのオブジェクト

そうです！ 会社名を表すcompanyNameというメンバ変数が、オブジェクトの数だけあるのが無駄なのです。

社員番号、氏名、給与を表すメンバ変数の値は、オブジェクトごとに異なったものとなりますが、会社名を表すメンバ変数の値は、すべてのオブジェクトで同じになります（もちろん同じ会社に勤務している場合）。同じ値のメンバ変数が複数存在するのは、メモリの無駄づかいです。さらに、同じ情報を異なるものとして表してしまう間違いが発生する可能性もあります。たとえば、tanakaオブジェクトではcompanyNameに"技術評論社"を設定したのに、satoオブジェクトではcompanyNameに"技評"を設定してしまったとしましょう。同じ会社（技評は技術評論社の略称です）であっても、プログラム上は異なる会社であるとみなされてしまいます。

第 7 章 オブジェクトの作成と破棄

この問題は、メンバ変数の定義に **static** キーワードを付けることで解決できます。静的変数や静的オブジェクトで指定したのと同じキーワードですので、混同しないように注意してください。

ここが Point
static キーワードが指定されたメンバ変数を静的メンバ変数と呼ぶ

static キーワードが指定されたメンバ変数を静的メンバ変数と呼びます。静的メンバ変数は、複数のオブジェクトから共有されます。すなわち、何個オブジェクトを作っても、メモリ上に作成される静的メンバ変数は1つだけという仕組みになっているのです。

ここが Point
静的メンバ変数は、すべてのオブジェクトから共有される

たとえば、以下のようにEmployeeクラスのメンバ変数companyNameを静的メンバ変数とすれば、3つのオブジェクトtanaka、sato、suzukiは、同じcompanyNameを共有することになります。これをイメージで表すと、Fig 7-5のようになります。

```
class Employee {
public:
    static char companyName[80];    // 会社名 (静的メンバ変数)
    int number;                     // 社員番号
    char name[80];                  // 氏名
    int salary;                     // 給与
};
```

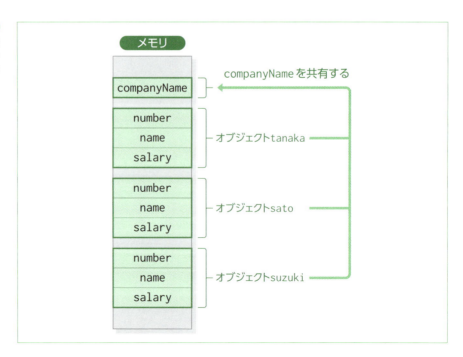

Fig 7-5
静的メンバ変数はすべてのオブジェクトから共有される

7-2 静的メンバ変数

静的メンバ変数は、オブジェクトが1つも作られなくてもメモリ上に存在します。このことからプログラムで静的メンバ変数を読み書きするには、「オブジェクト名.メンバ変数名」ではなく「**クラス名::静的メンバ変数名**」という構文を使います。オブジェクトが1つも作られていないときに、オブジェクト名を指定することはできないからです。たとえば、Employeeクラスの静的メンバ変数companyNameに"技術評論社"を設定し、それを画面に表示するなら、以下のようにEmployee::companyNameという構文を使います。

> **ここがPoint**
> 静的メンバ変数は、「クラス名::静的メンバ変数名」という構文で取り扱う

```
strcpy(Employee::companyName, "技術評論社");
cout << Employee::companyName << "\n";
```

コンストラクタで初期化できるのだろうか？ グローバルオブジェクト、ローカルオブジェクト、静的オブジェクトで取り扱い方が異なるのだろうか？……などと、静的メンバ変数に関するさまざまな疑問が浮かんでくるでしょう。それらの疑問は、静的メンバ変数の仕組みを知ることで一気に解消できます。

静的メンバ変数の正体は、通常のグローバル変数（関数の外部で宣言されて、プログラムの動作中、メモリ上に存在し続ける変数）と同じものなのです。ただし、特定のクラスに所有されているのが、通常のグローバル変数と異なる点です。所有者を表すために、Employee::companyNameのような「クラス名::グローバル変数名」という構文が使われるのです。

> **ここがPoint**
> 静的メンバ変数の正体は、特定のクラスを所有者としたグローバル変数である

実は、クラスのメンバ変数にstaticキーワードを指定しただけでは、静的メンバ変数は使えません。**クラスの定義とは別に、静的メンバ変数の実体となるグローバル変数を宣言する必要がある**のです。このようなグローバル変数の宣言には、「データ型 クラス名::グローバル変数名 = 初期値;」という構文を使います。初期値を設定しないなら、「データ型 クラス名::グローバル変数名;」という構文になります。通常のグローバル変数の宣言に「クラス名::」という所有者が付加されているだけです。staticキーワードは指定しません。たとえば、初期値が"技術評論社"である静的メンバ変数を持ったEmployeeクラスの正しい定義は、以下のようになります。

> **ここがPoint**
> 静的メンバ変数を使うためには、その実体となるグローバル変数を宣言する必要がある

```
// クラスの定義
class Employee {
public:
    static const char *companyName;     // 会社名（静的メンバ変数）
    int number;                         // 社員番号
    char name[80];                      // 氏名
    int salary;                         // 給与
```

187

第 **7** 章　オブジェクトの作成と破棄

```
};
```

```
// 静的メンバ変数の実体となるグローバル変数
const char *Employee::companyName = "技術評論社";
```

● ここが Point

静的メンバ変数は、「オブジェクト名.静的メンバ変数名」という構文でも取り扱える

　オブジェクトが作成されたら「クラス名::静的メンバ変数名」という構文だけでなく「オブジェクト名.静的メンバ変数名」という構文でも、静的メンバ変数を読み書きできます。たとえば、Employee::companyNameだけでなくtanaka.companyNameでもOKなのです。オブジェクトも静的メンバ変数の所有者だからです。

　静的メンバ変数を使うサンプルプログラムを作成してみましょう。先ほど示したEmployeeクラスの定義を、Employee.hというファイル名のヘッダーファイルとして作成してください。ただし、静的メンバ変数companyNameの実体となるグローバル変数の宣言は、ヘッダーファイルに記述しないでください。ヘッダーファイルは、さまざまなソースファイルにインクルードされるものです。ヘッダーファイルの中でグローバル変数を宣言すると、複数のソースファイルの中に同じグローバル変数が取り込まれてしまうことになり、リンク時にエラーとなってしまいます。

● ここが Point

静的メンバ変数の実体となるグローバル変数は、クラスのメンバ関数を実装するソースファイルの中で宣言する

　静的メンバ変数companyNameの実体となるグローバル変数の宣言は、クラスのメンバ関数を実装するソースファイルの中に記述します。Employeeクラスには、メンバ関数がないので、グローバル変数を宣言しただけのソースファイルとなります。List 7-4に示すコードを、Employee.cppというファイル名のソースファイルとして作成してください。

List 7-4

静的メンバ変数の
実体となるグローバル
変数を宣言した
ソースファイル

```
#include "Employee.h"

// 静的メンバ変数の実体となるグローバル変数
const char *Employee::companyName = "技術評論社";
```

　次に、List 7-5に示すプログラムを任意のソースファイル名で作成してください。これは、Employeeクラスを使う側のコードです。main()関数の最初の処理として、Employeeクラスの静的メンバ変数companyNameの値を画面に表示しています。この時点では、Employeeクラスのオブジェクトが1つも作成されていないので、Employee::companyNameという構文を使っています。そして、Employeeクラスのオブジェクトtanakaを作成し、tanakaを使ってcompanyNameの値を画面に表示しています。この時点では、tanaka.companyNameという構文

7-2 静的メンバ変数

が使えることに注目してください。List 7-4とList 7-5をコンパイルしてリンクすれば、プログラムの完成です。

List 7-5
静的メンバ変数を使う

```cpp
#include <iostream>
#include "Employee.h"
using namespace std;

// クラスを使う側のコード
int main() {
  // クラス名で静的メンバ変数を使う
  cout << Employee::companyName << "¥n";

  // オブジェクトを作成する
  Employee tanaka;

  // オブジェクト名で静的メンバ変数を使う
  cout << tanaka.companyName << "¥n";

  return 0;
}
```

List 7-5の実行結果

```
技術評論社
技術評論社
```

7-2-2 オブジェクト数をカウントする

　静的メンバ変数は、これまで説明してきたように、複数のオブジェクトが同じ値のメンバ変数を重複して持つという無駄を排除するのに活用できるテクニックです。これは、現実世界のモデリングであるとも言えます。会社名という情報は、すべての従業員から共有されるべきものだからです。

ここがPoint
静的メンバ変数を使って、オブジェクトの数をカウントできる

　静的メンバ変数を効果的に活用するパターンが、もう1つあります。それは、**生成されたオブジェクトの数をカウントしたい場合**です。

　たとえば、Employeeクラスのメンバ変数であるnumber（社員番号を表す）の初期値を1とし、従業員が増えるたびに（Employeeクラスのオブジェクトが作成されるたびに）numberの値を1ずつ増やして、社員番号を自動設定するようにしてみましょう。この場合には、オブジェクトの数をカウントするメンバ変数

189

第7章 オブジェクトの作成と破棄

（ここではobjNum）を静的メンバ変数として追加し、EmployeeクラスのコンストラクタでobjNumの値をインクリメントしてから、numberにobjNumの値を代入します。

サンプルプログラムをList 7-6に示します。ここでは、クラスの定義、静的メンバ変数となるグローバル変数の宣言、およびクラスを使うコードを1つのソースファイルに記述しています。Employeeクラスに追加したメンバは、静的メンバ変数objNum、2つのコンストラクタ、およびメンバ変数の値を表示するメンバ関数showData()の4つです。

社員番号が、1、2、3……と1つずつ増えていくことに注目してください。objNumの値を見れば、現在のオブジェクト数、すなわち社員数がわかることにも大いに注目してください。

List 7-6
オブジェクトの数を
カウントし社員番号を
自動設定する

```cpp
#include <iostream>
#include <cstring>
using namespace std;

// クラスの定義
class Employee {
public:
    static int objNum;                    // オブジェクト数（静的メンバ変数）
    static const char *companyName;       // 会社名（静的メンバ変数）
    int number;                           // 社員番号
    char name[80];                        // 氏名
    int salary;                           // 給与
    void showData();                      // メンバ関数
    Employee();                           // 引数のないコンストラクタ
    Employee(const char *na, int sa);     // 引数を持つコンストラクタ
};

// 静的メンバ変数の実体となるグローバル変数
int Employee::objNum = 0;
const char *Employee::companyName = "技術評論社";

// 引数のないコンストラクタの実装
Employee::Employee() {
    // オブジェクト数をカウントアップする
    objNum++;
    number = objNum;
    strcpy(name, "未設定");
    salary = 150000;
}
```

190

7-2 静的メンバ変数

```cpp
// 引数を持つコンストラクタの実装
Employee::Employee(const char *na, int sa) {
  // オブジェクト数をカウントアップする
  objNum++;
  number = objNum;
  strcpy(name, na);
  salary = sa;
}

// メンバ関数の実装
void Employee::showData() {
  cout << "会社名：" << companyName << "¥n";
  cout << "社員番号：" << number << "¥n";
  cout << "氏名：" << name << "¥n";
  cout << "給与：" << salary << "¥n";
}

// クラスを使う側のコード
int main() {
  // オブジェクトを作成する
  Employee tanaka("田中一郎", 200000);
  Employee sato("佐藤次郎", 250000);
  Employee someone;

  // メンバ変数の値を表示する
  tanaka.showData();
  sato.showData();
  someone.showData();
  cout << "現在の社員数：" << Employee::objNum << "¥n";

  return 0;
}
```

第 **7** 章　オブジェクトの作成と破棄

List 7-6の実行結果

```
会社名：技術評論社
社員番号：1
氏名：田中一郎
給与：200000
会社名：技術評論社
社員番号：2
氏名：佐藤次郎
給与：250000
会社名：技術評論社
社員番号：3
氏名：未設定
給与：150000
現在の社員数：3
```

　静的メンバ変数を使ってオブジェクト数をカウントするのは、さまざまなプログラムで便利に活用できるテクニックです。第6章で説明した派生クラスの複数のオブジェクトを基本クラスのポインタの配列で一元管理する場合に、このテクニックが使えそうだと気付いた人は、なかなかスルドイですよ！

確認問題

Q1 以下の説明に該当する言葉または表記を選択肢から選んでください。

(1) 変数やオブジェクトを利用できる範囲

(2) 関数の外部で作成されたオブジェクト

(3) 関数の内部でstaticを指定して作成されたオブジェクト

(4) 関数の内部でstaticを指定せずに作成されたオブジェクト

(5) staticが指定されたメンバ変数

選択肢

ア インスタンス	イ 静的変数	ウ 静的オブジェクト
エ ローカルオブジェクト	オ スコープ	カ 静的メンバ変数
キ レンジ	ク グローバルオブジェクト	

Q2 以下のプログラムの空欄に適切な語句や演算子を記入してください。

```cpp
void func() {
  // MyClassの静的オブジェクトcを作成する
  [      (1)      ] MyClass c;
}


class Employee {
public:
  // 静的メンバ変数companyNameを定義する
  [      (2)      ] const char *companyName;

};


// 静的メンバ変数companyNameの実体となるグローバル変数
[      (3)      ]::companyName = "技術評論社";
```

解答は **300ページ** にあります。

COLUMN

スルドイあなたへ……

　オブジェクト数をカウントする静的メンバ変数を使うと、派生クラスの複数のオブジェクトを基本クラスのポインタの配列で一元管理する場合に便利です。たとえば、第6章で紹介したお絵かきプログラムでは、オブジェクトを管理するのに、配列の末尾の要素にNULLを代入していました。オブジェクトの数ではなく配列の末尾で管理していたのです。

```
Figure *p[100];     // 基本クラスのポインタの配列
p[6] = NULL;         // 末尾を表すNULLを代入する
```

　このままでも問題ないのですが、以下のように図形が増やされるたびにNULLを代入する処理を行う必要があるので、ちょっとだけプログラミングが面倒です。これは、オブジェクトの数を、クラスを使う人が管理しなければならないからです。

```
Triangle t4;     // 三角を追加する
p[6] = &t4;       // オブジェクトのポインタを追加する
p[7] = NULL;      // この処理が面倒！
```

　クラスは、自分のオブジェクトが何個作られたかコンストラクタでわかるのですから、クラスの側でオブジェクトの数を管理して、クラスを使う人に楽をさせてあげましょう。そのためには、オブジェクト数をカウントする静的メンバ変数を使えばよいのです。

　お絵かきプログラムでは、Figureクラスを基本クラスとして、それを継承したCircleクラス、Triangleクラス、Rectangleクラスが派生クラスとして定義されています。オブジェクト数をカウントするメンバ変数（objNumという名前にするとします）は、どのクラスのメンバとして定義すればよいと思いますか？ もちろん基本クラスであるFigureクラスです。「そんなことをすると、メンバ変数objNumが3つの派生クラスに継承されてしまい、個々の図形ごとの数はカウントできても、すべての図形の数をまとめてカウントできないのではないか？」と疑問に思うかもしれません。しかし、大丈夫なのです。

　静的メンバ変数の仕組みを思い出してください。静的メンバ変数は、グローバル変数の所有者をクラスとしただけのものです。Figureクラスが複数のクラスに継承されても、静的メンバ変数の実体であるグローバル変数が増えるわけではありません。静的メンバ変数の所有者であるという情報だけが継承されます。したがって、Figureクラスを継承したCircleクラス、Triangleクラス、Rectangleクラスは、どれも同じ静的メンバ変数の所有者となります。第6章のList 6-7を改造して、実際に試してみてください。静的メンバ変数のカウントアップは、Figureクラスのコンストラクタで行えばOKです。なぜなら、派生クラスのコンストラクタから、基本クラスのコンストラクタが自動的に呼び出されるからです。

194

第 **8** 章

オブジェクトの
動的な作成と破棄

この章では、第7章に引き続き、メモリ上にオブジェクトが作成されるタイミングと、メモリ上からオブジェクトが破棄されるタイミングの説明をします。前半では、変数やオブジェクトのためのメモリ領域を動的に確保するnew演算子と、動的に確保されたメモリ領域を解放するdelete演算子の説明をします。実行時のプログラムは、メモリを4つの領域に分けて使います。変数やオブジェクトは、データ領域、スタック領域、ヒープ領域のいずれかに配置されます。new演算子で動的に確保されるのは、ヒープ領域です。後半では、クラスのメンバに他のクラスを含めるメンバオブジェクトの説明をします。メンバオブジェクトと、それを持つクラスが作成および破棄されるタイミングを覚えてください。

第 **8** 章　オブジェクトの動的な作成と破棄

8-1　動的オブジェクト

- ▷ new演算子でオブジェクトを動的に作成する方法
- ▷ delete演算子でオブジェクトを破棄する方法
- ▷ メモリリークを避ける方法

8-1-1　new演算子とdelete演算子の使い方

　現在のコンピュータは、数GBの容量のメモリを装備しているのが一般的です。したがって、プログラムの実行時にメモリが足りなくなってしまうことは滅多にありません。ただし、もしも100万個のオブジェクトを取り扱う大規模なプログラムがあったとしたらどうなるでしょう。1つのオブジェクトが100KBのメモリ領域を必要とするとしたら、全部で100KB×100万個＝100GBのメモリ領域が必要になってしまいます。そんなに大量のメモリを装備したコンピュータなど、そうそうお目にかかれません。

　このような場合に備えて、C++には、オブジェクトを動的に作成および破棄する機能があります。**動的**とは、プログラムの実行時の命令によってオブジェクトの作成や破棄を行うという意味です。100万個のオブジェクトを取り扱うといっても、メモリ上に同時に100万個が存在する必要などないはずです。必要に応じて動的にオブジェクトを作成し、不要となったら破棄すれば、大量のオブジェクトを取り扱う大規模なプログラムであっても、普通のメモリ容量のコンピュータで実行できます。

　C言語では、**malloc( )** および **free( )** という標準関数を使って、メモリ領域の動的な確保と解放を行いました。C++では、**new**および**delete**という演算子を使って、メモリ領域の動的な確保と解放を行います。すなわち、C++では、メモリ領域の動的な確保と解放の機能が言語仕様の一部となっているのです。C++は、C言語と互換性があるので、malloc()とfree()を使ってもかまいませんが、newとdeleteを使うほうが一般的です（Fig 8-1）。言語仕様として提供されている便利な演算子ですから、それを使わない手はありません。

❶ ここが Point

C++では、new演算子およびdelete演算子を使って、メモリの動的な確保と解放を行う

196

Fig 8-1

メモリ領域の動的な
確保と解放を行う方法

言語	動的な確保	動的な解放
C言語	malloc( )関数	free( )関数
C++	new演算子	delete演算子

オブジェクトの動的な作成には、new演算子を使います。そのためには、クラスをデータ型とした**ポインタ**を宣言し、それにnew演算子の演算結果を代入します。プログラミング言語で演算子と呼ばれるものは、何らかの演算処理を行って、その結果を返すものです。**new演算子は、newの直後に指定されたクラスのコピー（すなわちオブジェクト）をメモリ上に作成するという処理を行い、そのアドレスを演算結果として返します。**だからこそ、new演算子の演算結果をポインタで受け取るのです。**new演算子によって作成されたオブジェクトを動的オブジェクト**と呼びます。

> 🛈 **ここが Point**
>
> new演算子の戻り値は、動的に作成されたオブジェクトのポインタである

> 🛈 **ここが Point**
>
> new演算子で動的に作成されたオブジェクトを動的オブジェクトと呼ぶ

たとえば、MyClassクラスの動的オブジェクトを作成する場合には、以下の構文を使います。ptrは、MyClassクラスをデータ型としたポインタです。

```
// 動的オブジェクトを作成する
MyClass *ptr = new MyClass;
```

以下のように、クラスをデータ型としたポインタの宣言とアドレスの代入を2行に分けて記述することもできます。

```
// ポインタを宣言する
MyClass *ptr;

// 動的オブジェクトを作成する
ptr = new MyClass;
```

new演算子によって動的オブジェクトが作成されると、その時点でクラスの**コンストラクタ**が呼び出されます。引数を持つコンストラクタを呼び出したい場合には、new演算子の後に指定するクラス名に続けてカッコの中に引数を指定します。MyClassクラスが引数を1つ持つコンストラクタを持っているなら、以下のようにして呼び出せます。

```
// 動的オブジェクトを作成し、引数を持つコンストラクタを呼び出す
MyClass *ptr = new MyClass(123);
```

new演算子によって動的オブジェクトを作った場合は、ポインタを使ってメンバを利用することになります。したがって、「ポインタ名->メンバ名」のよう

第 **8** 章 オブジェクトの動的な作成と破棄

ここが Point

動的オブジェクトのメンバは、アロー演算子で指定する

に**アロー演算子 (->) を使います**。たとえば、MyClass クラスに myVal というメンバ変数があるなら、以下のようにして利用します。これは、メンバ関数の場合でも同様です。

```
// 動的オブジェクトを作成する
MyClass *ptr = new MyClass;

// メンバ変数を利用する
ptr->myVal = 456;
cout << ptr->myVal << "\n";
```

new 演算子を使って作成された動的オブジェクトは、動的オブジェクトのアドレスを保持するポインタがローカル変数であってもグローバル変数であっても、プログラムの実行中は常にメモリ上に保持されます。したがって、以下のように func() という関数の中で動的オブジェクトを作成し、そのアドレスをポインタ（ローカル変数として宣言されています）ptr に格納すると、func() を抜けても動的オブジェクトはメモリ上に残り、ポインタ ptr だけが消えてしまいます。

```
void func() {
  MyClass *ptr = new MyClass;
    ⋮
}
```

もう一度 func() が呼び出されると、MyClass クラスの動的オブジェクトが新たに作成されて、そのアドレスがポインタ ptr に格納されます。すなわち、前に作成された動的オブジェクトは、メモリ上で迷子になってしまうのです。迷子になるとは、動的オブジェクトのアドレスを格納したポインタがないので、動的オブジェクトの使いようがないという意味です。迷子の動的オブジェクトを破棄することもできません。

このままでは、func() が呼び出されるたびに迷子の動的オブジェクトが 1 つずつ作成されて、メモリを無駄に消費し続けることになり、いずれメモリ不足でプログラムがクラッシュしてしまいます。これを**メモリリーク**と呼びます（220 ページのコラムを参照してください）。

この問題を回避するためには、動的オブジェクトが不要となった時点で明示的に破棄することが必要になります。**new 演算子で作成された動的オブジェクトは、delete 演算子で明示的に破棄します**。以下のように、delete 演算子の後ろに動的オブジェクトのポインタを指定すれば、オブジェクトがメモリから破棄されます。

ここが Point

動的オブジェクトは、delete 演算子で破棄されるまでメモリ上に保持される

198

8-1　動的オブジェクト

```
// 動的オブジェクトを破棄する
delete ptr;
```

　したがって、先ほどfunc()の中で作成された動的オブジェクトは、関数を抜ける前に破棄しなければなりません。以下のようにして動的オブジェクトを破棄します。

```
void func() {
  // 動的オブジェクトを作成する
  MyClass *ptr = new MyClass;
   ⋮
  // 動的オブジェクトを破棄する
  delete ptr;
}
```

　関数の中で動的オブジェクトを作成し、関数を抜けるときに動的オブジェクトを破棄するなら、new演算子とdelete演算子を使わなくても、ローカルオブジェクトを作成すれば同じだと思われるでしょう。確かにそのとおりです。上記のfunc()の処理内容は、以下のようにMyClassクラスのローカルオブジェクトobjを作成することでも実現できます。ローカルオブジェクトは、関数を抜けるときに自動的に破棄されるので、delete演算子を使わないで済みます。

```
void func() {
  // ローカルオブジェクトを作成する
  MyClass obj;
   ⋮
  // ローカルオブジェクトは自動的に破棄される
}
```

　ただし、関数の中でnew演算子を使って動的オブジェクトを作成するほうが、メモリを節約できる場合があるのです。たとえば、func()の中でMyClassクラスのオブジェクトを3つ使うとしましょう。これらのオブジェクトの作成時には、引数を1つ持つコンストラクタを呼び出し、引数に1〜3の値を渡すことにします。あくまでもサンプルです。ローカルオブジェクトを使った場合は、以下のようになります。

```
void func() {
  // ローカルオブジェクトを3つ作成する
```

199

第 **8** 章　オブジェクトの動的な作成と破棄

```
MyClass obj1(1);
MyClass obj2(2);
MyClass obj3(3);

// ローカルオブジェクトを利用する
  :
// 3つのローカルオブジェクトは自動的に破棄される
}
```

func()の処理中は、3つのローカルオブジェクトがメモリ上に同時に存在することになります。すなわち、オブジェクトのサイズ×3つ分のメモリ領域が消費されるのです。ローカルオブジェクトの数が、100万個だったらどうなるでしょう? メモリがパンクして、プログラムはクラッシュしてしまいます。

この問題は、new演算子によって動的オブジェクトを作成することで解決できます。以下は、func()の中で動的オブジェクトを1つずつ作成し、オブジェクトを利用したら破棄することを3回繰り返すものです。これなら、func()の処理中に同時に存在するオブジェクトは1つだけとなり、メモリを節約できます。

```
void func() {
  // ポインタを宣言する
  MyClass *ptr;

  for (int i = 1; i <= 3; i++) {
    // 動的オブジェクトを作成する
    ptr = new MyClass(i);
    // 動的オブジェクトを利用する
     :
    // 動的オブジェクトを破棄する
    delete ptr;
  }
}
```

これが、**動的オブジェクト**を利用するメリットです。このような手法が皆さんのプログラムの役に立つなら、大いに活用してください。そうでないなら、動的オブジェクトを使う必要などありません。**グローバルオブジェクト**、または**ローカルオブジェクト**を使ってください。

グローバル変数としてクラスをデータ型としたポインタを宣言し、何らかの関数の処理としてnew演算子で動的オブジェクトを作成して、そのアドレスをポインタに格納するという使い方もできます。この場合にも、プログラムが終了する前に、delete演算子で動的オブジェクトを明示的に破棄する必要があります。

8-1 動的オブジェクト

　List 8-1は、これまでの説明をまとめたサンプルプログラムです。myValという メンバ変数、2つのコンストラクタ、およびデストラクタを持つMyClassクラ スを定義し、MyClassクラスの動的オブジェクトを作成して使っています。gPtr は、動的オブジェクトのアドレスを格納するグローバル変数（ポインタ）です。 main()関数の中では、MyClassクラスの動的オブジェクトを作成し、プログラム が終了する前に破棄しています。func()の中では、先に説明した方法で、 MyClassクラスの動的オブジェクトを1つずつ3回作成して使い、不要となった 時点で破棄しています。MyClassクラスのコンストラクタとデストラクタでは、 それらが呼び出されたことを示すメッセージを表示するようにしているので、動 的オブジェクトが作成されるタイミングと破棄されるタイミングを確認できるで しょう。

List 8-1
動的オブジェクトの
作成と破棄

```cpp
#include <iostream>
using namespace std;

// クラスの定義
class MyClass {
public:
  int myVal;         // メンバ変数
  MyClass();         // 引数のないコンストラクタ
  MyClass(int m);    // 引数を持つコンストラクタ
  ~MyClass();        // デストラクタ
};

// 引数のないコンストラクタの実装
MyClass::MyClass() {
  myVal = 0;
  cout << "コンストラクタが呼び出されました！\n";
}

// 引数を持つコンストラクタの実装
MyClass::MyClass(int m) {
  myVal = m;
  cout << "コンストラクタが呼び出されました！\n";
}

// デストラクタの実装
MyClass::~MyClass() {
  cout << "デストラクタが呼び出されました！\n";
}
```

201

第 **8** 章 オブジェクトの動的な作成と破棄

```cpp
// 関数のプロトタイプ宣言
void func();

// グローバル変数として宣言されたポインタ
MyClass *gPtr;

// プログラムの実行開始位置となる関数
int main() {
  // プログラムが起動したことを知らせる
  cout << "プログラムが起動しました！¥n";

  // 動的オブジェクトを作成する
  gPtr = new MyClass(123);

  // 動的オブジェクトを使う
  cout << gPtr->myVal << "¥n";

  // func()を呼び出す
  func();

  // 動的オブジェクトを破棄する
  delete gPtr;

  // プログラムが終了することを知らせる
  cout << "プログラムが終了します！¥n";

  return 0;
}

// main()関数から呼び出される関数
void func() {
  // ローカル変数として宣言されたポインタ
  MyClass *ptr;

  // 関数が呼び出されたことを知らせる
  cout << "func()が呼び出されました！¥n";

  for (int i = 1; i <= 3; i++) {
    // 動的オブジェクトを作成する
    ptr = new MyClass(i);

    // 動的オブジェクトを使う
    cout << ptr->myVal << "¥n";

    // 動的オブジェクトを破棄する
    delete ptr;
```

8-1 動的オブジェクト

```
    }

    // 関数を抜けることを知らせる
    cout << "func()を抜けます！¥n";
}
```

List 8-1の実行結果

```
プログラムが起動しました！
コンストラクタが呼び出されました！
123
func()が呼び出されました！
コンストラクタが呼び出されました！
1
デストラクタが呼び出されました！
コンストラクタが呼び出されました！
2
デストラクタが呼び出されました！
コンストラクタが呼び出されました！
3
デストラクタが呼び出されました！
func()を抜けます！
デストラクタが呼び出されました！
プログラムが終了します！
```

8-1-2 プログラム実行時のメモリの使われ方

プログラムは、常時ハードディスクなどに記録されています。プログラムが起動すると、ハードディスク上のプログラムがメモリにコピーされて（ロードされて）実行されます。

ここがPoint

プログラムの実行のために使われるメモリ領域は、用途によって4つのグループに区切られる

プログラム実行のために使われるメモリ領域は、用途によってグループに区切られることを知っておいてください。グループは**コード領域**、**データ領域**、**スタック領域**、**ヒープ領域**の4つです。

プログラムは、命令とデータの集合体です。命令は、**コード領域**に格納されます。データは、データの性質（生成と破棄のタイミングの違い）に応じて、データ領域、スタック領域、またはヒープ領域のいずれかに格納されます。

グローバル変数、グローバルオブジェクト、staticが指定された変数（静的変数）、およびstaticが指定されたオブジェクト（静的オブジェクト）は、**データ領域**に格納されます。関数に渡される引数、ローカル変数、ローカルオブジェクト

は、**スタック領域**に格納されます。new演算子で動的に作成された変数やオブジェクトは、**ヒープ領域**に格納されます。ソースコード上はバラバラに記述されている命令やデータであっても、コンパイル＆リンク後には4つの領域にまとめられるのです（Fig 8-2）。

Fig 8-2
メモリは4つの領域に区切って使われる

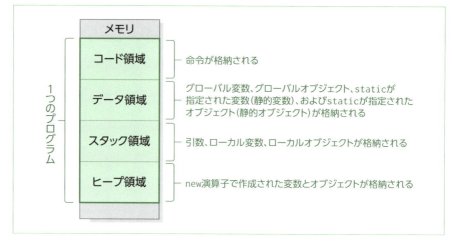

コード領域とデータ領域のサイズは、プログラムの起動時に固定的に決まり、実行中は変化しません。命令は、コード領域にビッシリと詰まって格納されます。グローバル変数、グローバルオブジェクト、静的変数、静的オブジェクトは、データ領域にビッシリと詰まって格納されます。したがって、**プログラムの実行中は、データ領域に格納された変数やオブジェクトを常に利用できます**（Fig 8-3）。

● ここが Point
データ領域に格納された変数やオブジェクトは、常に利用できる

Fig 8-3
コード領域とデータ領域

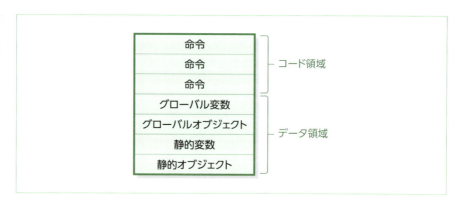

スタック領域のサイズもプログラムの実行時に決まっていますが、起動時は未使用です。プログラム実行時に関数を呼び出すと領域が確保され、関数を抜けると解放されます。

たとえば、以下のようなfunc()関数を呼び出すコードが実行されたとしましょう。func()の引数に与えられた123という値は、スタック領域に格納され、それによってスタック領域の空きが減ります。func()の中に処理が流れると、ローカル変数ansとローカルオブジェクトobjのための領域がスタック領域に確保され、さらにスタック領域の空きが減ります。関数を抜けると、引数、ローカル変数、ローカルオブジェクトが使っていた領域が解放され、スタック領域の空きがもとに戻ります。だからこそ、**引数、ローカル変数、ローカルオブジェクトは、関数の中だけで使える**のです。このようなスタック領域の確保と解放は、自動的に行われるので、そのためのコードを皆さんが記述する必要はありません（Fig 8-4）。

> **ここがPoint**
> スタック領域に格納された変数やオブジェクトは、関数の中だけで使える

```
// func()を呼び出す
func(123);
    ⋮
// func()の定義
void func(int a) {
    int ans;          // ローカル変数
    MyClass obj;      // ローカルオブジェクト
    ⋮
}
```

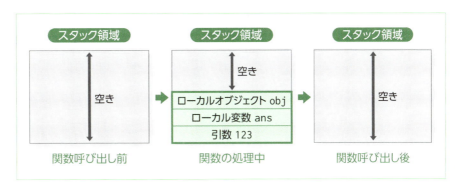

Fig 8-4 関数呼び出し時のスタック領域の変化

> **ここがPoint**
> ヒープ領域のサイズは、new演算子で拡張され、delete演算子で縮小される

ヒープ領域のサイズは、プログラムの実行中に変化します。起動時のサイズはゼロであり、new演算子を使うたびにヒープ領域が拡張され、delete演算子を使うたびに縮小されます。そのための処理は、皆さんが明示的にnew演算子とdelete演算子で記述しなければなりません（Fig 8-5）。

Fig 8-5
ヒープ領域の変化

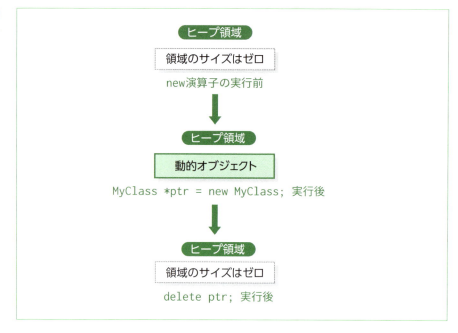

　動的オブジェクトのアドレスを格納するポインタが、グローバル変数として宣言されていても、ローカル変数として宣言されていても、動的オブジェクトの実体は、どちらもヒープ領域に作成されます。したがって、オブジェクトは、データ領域に作成されるグローバルオブジェクトと静的オブジェクト、スタック領域に作成されるローカルオブジェクト、およびヒープ領域に作成される動的オブジェクトの3種類に分類できることになります。

　混乱しないように整理しておきますが、関数の外部で作成されたものが**グローバルオブジェクト**、関数の内部でstaticを付けずに作成されたものが**ローカルオブジェクト**、関数の内部でstaticを付けて作成されたものが**静的オブジェクト**、そしてnew演算子で作成されたものが**動的オブジェクト**です。

　グローバルオブジェクトは、プログラムの起動時に作成され、プログラムの実行中、常にメモリ上に存在し、プログラムの終了時に破棄されます。静的オブジェクトは、それを宣言する関数の中に処理が流れた時点で一度だけ作成され、プログラムの実行中、常にメモリ上に存在し、プログラムの終了時に破棄されます。ローカルオブジェクトは、それを宣言する関数の中に処理が流れた時点で毎回作成され、関数を抜けるときに破棄されます。動的オブジェクトは、new演算子で作成され、delete演算子で破棄されるまでメモリ上に存在します。

8-2 集約

8-2 集約

⊙ 集約の意味とメンバオブジェクトの使い方
⊙ is-a関連とhas-a関連の違い
⊙ メンバイニシャライザの役割と記述方法

8-2-1 メンバオブジェクト

クラスのメンバに、他のクラスをデータ型としたオブジェクトを含めることができます。たとえば、Employeeクラス（従業員を表す）とCellPhoneクラス（携帯電話を表す）があり、以下のようにEmployeeクラスのメンバにCellPhoneクラスをデータ型とした変数phoneを含めるような場合です。このようなメンバは、メンバ変数ではなくメンバオブジェクトと呼びます。phoneは、Employeeクラスのメンバオブジェクトです。

ここがPoint
他のクラスをデータ型としたメンバ変数をメンバオブジェクトと呼ぶ

```
class Employee {
  CellPhone phone;    // メンバオブジェクト
    ⋮
};
```

ここがPoint
他のクラスをメンバに持つ関連のことを集約と呼ぶ

Employeeクラスは、CellPhoneクラスを持っていると言えます。このようなクラスの関連を**集約**と呼びます。集約と継承を混同しないように注意してください。**継承**とは、複数のクラスに共通するメンバを汎化して基本クラスを定義し、それを引き継いだ派生クラスを定義することです。**集約**は、他のクラスのオブジェクトをメンバに持つことです。

ここがPoint
継承をis-a関連と呼び、集約をhas-a関連と呼ぶことがある

継承のことを**is-a関連**と呼び、集約のことを**has-a関連**と呼ぶことがあります。たとえば、Employeeクラスを継承してSalesmanクラスを定義した関連は、「Salesman is a Employee（営業マンは従業員である）」と言え、Employeeクラスと CellPhoneクラスの関連は「Employee has a CellPhone（従業員は携帯電話を持っている）」と言えるからです。is-a関連とhas-a関連の意味がわかれば、継承

207

と集約を混同したり、どちらを使えばよいか悩んだりすることはないでしょう。UMLの**クラス図**では、継承を白抜きの三角で表し、集約を白抜きの菱形で表すことも覚えておいてください（Fig 8-6）。

Fig 8-6 継承と集約

EmployeeクラスがCellPhoneクラスをメンバオブジェクトとして持つ場合は、「Employeeクラスのオブジェクト名.メンバオブジェクト名.メンバオブジェクトのメンバ名」という長たらしい構文で、CellPhoneクラスのメンバを使うことになります。たとえば、CellPhoneクラスがnumber（電話番号を表す）というメンバ変数を定義している場合には、以下のようにobj.phone.numberと指定します。

> **ここがPoint**
> メンバオブジェクトが持つメンバは、obj.phone.numberのような構文で取り扱う

```
// Employeeクラスのオブジェクトを作成する
Employee obj;

// CellPhoneクラスのメンバ変数を使う
strcpy(obj.phone.number, "111-1111-1111");
cout << obj.phone.number;
```

もちろん、Employeeクラスのメンバ関数の中でCellPhoneクラスのメンバ変数numberを使う場合には、以下のようにオブジェクトの指定は不要です。

```
// Employeeクラスのメンバ関数の中でCellPhoneクラスのメンバ変数を使う
strcpy(phone.number, "111-1111-1111");
cout << phone.number;
```

　メンバオブジェクトは、それを持つクラスのオブジェクトが作成されるときに一緒に作成されます。Employeeクラスのオブジェクトを作成すれば、CellPhoneクラスのオブジェクトも自動的に作成されるのです。Employeeクラスのオブジェクトを、グローバルオブジェクト（静的オブジェクト）、ローカルオブジェクト、動的オブジェクトのいずれかとして作成した場合でも、CellPhoneクラスのオブジェクトが作成されます。List 8-2に示すプログラムで、確認してみましょう。

List 8-2
メンバオブジェクトを
使う

```cpp
#include <iostream>
#include <cstring>
using namespace std;

// CellPhoneクラスの定義
class CellPhone {
public:
  char number[20]; // 電話番号
  bool smart;      // スマホかどうか
};

// Employeeクラスの定義
class Employee {
public:
  int number;       // 社員番号
  char name[80];    // 氏名
  int salary;       // 給与
  CellPhone phone; // 携帯電話 (メンバオブジェクト)
  void showData(); // メンバ変数の値を表示する
};

// Employeeクラスのメンバ関数の実装
void Employee::showData() {
  cout << "社員番号:" << number << "¥n";
  cout << "氏名:" << name << "¥n";
  cout << "給与:" << salary << "¥n";
  cout << "携帯電話番号:" << phone.number << "¥n";
  cout << "スマホかどうか:" << phone.smart << "¥n";
}
```

第 **8** 章 オブジェクトの動的な作成と破棄

```cpp
// グローバルオブジェクト
Employee tanaka;

// クラスを使う側のコード
int main() {
  // グローバルオブジェクトを使う
  tanaka.number = 1234;
  strcpy(tanaka.name, "田中一郎");
  tanaka.salary = 200000;
  strcpy(tanaka.phone.number, "111-1111-1111");
  tanaka.phone.smart = true;
  tanaka.showData();

  // ローカルオブジェクトを使う
  Employee sato;
  sato.number = 1235;
  strcpy(sato.name, "佐藤次郎");
  sato.salary = 250000;
  strcpy(sato.phone.number, "222-2222-2222");
  sato.phone.smart = true;
  sato.showData();

  // 動的オブジェクトを使う
  Employee *suzuki = new Employee;
  suzuki->number = 1236;
  strcpy(suzuki->name, "鈴木三郎");
  suzuki->salary = 300000;
  strcpy(suzuki->phone.number, "333-3333-3333");
  suzuki->phone.smart = false;
  suzuki->showData();
  delete suzuki;

  return 0;
}
```

List 8-2の実行結果

```
社員番号：1234
氏名：田中一郎
給与：200000
携帯電話番号：111-1111-1111
スマホかどうか：1
社員番号：1235
氏名：佐藤次郎
給与：250000
携帯電話番号：222-2222-2222
```

```
スマホかどうか：1
社員番号：1236
氏名：鈴木三郎
給与：300000
携帯電話番号：333-3333-3333
スマホかどうか：0
```

8-2-2 メンバオブジェクトのコンストラクタとデストラクタ

ここがPoint

メンバオブジェクトのコンストラクタ→メンバオブジェクトを持つクラスのコンストラクタの順序で呼び出される

ここがPoint

メンバオブジェクトを持つクラスのデストラクタ→メンバオブジェクトのデストラクタの順序で呼び出される

List 8-3

コンストラクタとデストラクタが呼び出される順序を確認する

　Employeeクラスがメンバオブジェクトとして CellPhone クラスのオブジェクトを持つ場合に、それぞれのクラスのコンストラクタとデストラクタは、どちらが先に呼び出されるか予測できますか？ CellPhoneクラスのコンストラクタ→Employeeクラスのコンストラクタ……Employeeクラスのデストラクタ→CellPhoneクラスのデストラクタの順になります。この順序は、実に理にかなっていると言えます。Employeeクラスのコンストラクタやデストラクタで、CellPhone クラスのメンバを取り扱えるからです。List 8-3に示すプログラムを作成して、コンストラクタとデストラクタが呼び出される順序を確認してみましょう。

```cpp
#include <iostream>
#include <cstring>
using namespace std;

// CellPhoneクラスの定義
class CellPhone {
public:
  char number[20];     // 電話番号
  bool smart;          // スマホかどうか
  CellPhone();         // コンストラクタ
  ~CellPhone();        // デストラクタ
};

// CellPhoneクラスのコンストラクタの実装
CellPhone::CellPhone() {
  cout << "CellPhoneクラスのコンストラクタが呼び出されました！¥n";
}

// CellPhoneクラスのデストラクタの実装
```

第 8 章 オブジェクトの動的な作成と破棄

```cpp
CellPhone::~CellPhone() {
  cout << "CellPhoneクラスのデストラクタが呼び出されました！¥n";
}

// Employeeクラスの定義
class Employee {
public:
  int number;           // 社員番号
  char name[80];        // 氏名
  int salary;           // 給与
  CellPhone phone;      // 携帯電話（メンバオブジェクト）
  void showData();      // メンバ変数の値を表示する
  Employee();           // コンストラクタ
  ~Employee();          // デストラクタ
};

// Employeeクラスのメンバ関数の実装
void Employee::showData() {
  cout << "社員番号：" << number << "¥n";
  cout << "氏名：" << name << "¥n";
  cout << "給与：" << salary << "¥n";
  cout << "携帯電話番号：" << phone.number << "¥n";
  cout << "スマホかどうか：" << phone.smart << "¥n";
}

// Employeeクラスのコンストラクタの実装
Employee::Employee() {
  cout << "Employeeクラスのコンストラクタが呼び出されました！¥n";
}

// Employeeクラスのデストラクタの実装
Employee::~Employee() {
  cout << "Employeeクラスのデストラクタが呼び出されました！¥n";
}

// クラスを使う側のコード
int main() {
  // オブジェクトを作成する
  Employee tanaka;

  // メンバを使う
  tanaka.number = 1234;
  strcpy(tanaka.name, "田中一郎");
  tanaka.salary = 200000;
  strcpy(tanaka.phone.number, "111-1111-1111");
  tanaka.phone.smart = true;
```

```
    tanaka.showData();

    // ここでオブジェクトが破棄される
    return 0;
}
```

List 8-3の実行結果

```
CellPhoneクラスのコンストラクタが呼び出されました！
Employeeクラスのコンストラクタが呼び出されました！
社員番号：1234
氏名：田中一郎
給与：200000
携帯電話番号：111-1111-1111
スマホかどうか：1
Employeeクラスのデストラクタが呼び出されました！
CellPhoneクラスのデストラクタが呼び出されました！
```

2つのクラスが継承の関係にある場合のコンストラクタとデストラクタが呼び出される順序を忘れてしまった人がいるかもしれませんので、**継承**と**集約**における**コンストラクタ**と**デストラクタ**の呼び出し順序をFig 8-7にまとめておきます。継承では、土台となる基本クラスが先に作成され、後から破棄されることに注意してください。派生クラスのコンストラクタやデストラクタから、基本クラスのメンバを取り扱えるようにするためです。これも、実に理にかなっています。

Fig 8-7 継承と集約におけるオブジェクトの作成と破棄の順序

第 **8** 章 ▶ オブジェクトの動的な作成と破棄

> **ⓧ ここが Point**
> メンバオブジェクトの引数を持つコンストラクタを呼び出す場合には、メンバイニシャライザを使う

> **ⓧ ここが Point**
> メンバイニシャライザは、クラス名ではなく、メンバオブジェクト名で表される

メンバオブジェクトが引数を持つコンストラクタを持つ場合は、メンバオブジェクトを持つ側のクラスのコンストラクタで**メンバイニシャライザ**を指定します。この構文は、**イニシャライザ**を使って、派生クラスのコンストラクタから基本クラスのコンストラクタを呼び出す場合に似ています。

ただし、イニシャライザがコンストラクタ名を指定するものだったのに対し、メンバイニシャライザはメンバ名（ここではphone）を指定する点で異なります。

たとえば、CellPhoneクラスの引数を2つ持つコンストラクタをEmployeeクラスのコンストラクタから呼び出す場合には、以下のように実装します。:phone(cn, cs)の部分が、CellPhoneクラスのコンストラクタを呼び出すメンバイニシャライザです。クラス名を指定した、:CellPhone(cn, cs)という構文ではないことに注意してください。Employeeクラスの引数を持つコンストラクタには、CellPhoneクラスのコンストラクタに渡す引数を渡します。

```
// Employeeクラスのコンストラクタの実装
Employee::Employee(int nu, char *na, int sa, char *cn, bool cs)
                                                 : phone(cn, cs) {
    number = nu;
    strcpy(name, na);
    salary = sa;
}
```

Employeeクラスのコンストラクタが呼び出される前にCellPhoneクラスのオブジェクトが作成されているのだから、以下のようにしてもよいのでは？ と思われるかもしれません。

```
// Employeeクラスのコンストラクタの実装
Employee::Employee(int nu, char *na, int sa, char *cn, bool ss) {
    // CellPhoneクラスのメンバを初期化する
    strcpy(phone.number, cn);
    phone.smart = ss;

    // Employeeクラスのメンバ（CellPhoneクラスのメンバ以外）を初期化する
    number = nu;
    strcpy(name, na);
    salary = sa;
}
```

これで問題ない場合もあるでしょう。しかし、CellPhoneクラスのコンストラクタで、与えられた引数をもとにしてメンバ変数の初期化以外の処理を行っている場合には、正しく機能しないことになります。メンバイニシャライザを使えば、CellPhoneクラスのコンストラクタに引数を渡して呼び出せるのです。安全のため、メンバオブジェクトを持つクラスのコンストラクタでは、メンバイニシャライザを使うようにしてください。

List 8-4は、EmployeeクラスとCellPhoneクラスに、それぞれ引数のないコンストラクタと引数を持つコンストラクタを定義したものです。CellPhoneクラスの引数のないコンストラクタは、Employeeクラスのオブジェクトが作成される前に自動的に呼び出されるので、メンバイニシャライザを使う必要はありません。

❗ ここが Point

メンバオブジェクトの引数のないコンストラクタは、自動的に呼び出される

List 8-4

引数を持つコンストラクタを呼び出す

```cpp
#include <iostream>
#include <cstring>
using namespace std;

// CellPhoneクラスの定義
class CellPhone {
public:
  char number[20];              // 電話番号
  bool smart;                   // スマホかどうか
  CellPhone();                  // 引数のないコンストラクタ
  CellPhone(const char *b, bool i); // 引数を持つコンストラクタ
  ~CellPhone();                 // デストラクタ
};

// CellPhoneクラスの引数のないコンストラクタの実装
CellPhone::CellPhone() {
  strcpy(number, "未設定");
  smart = false;
}

// CellPhoneクラスの引数を持つコンストラクタの実装
CellPhone::CellPhone(const char *cn, bool cs) {
  strcpy(number, cn);
  smart = cs;
}

// CellPhoneクラスのデストラクタの実装
CellPhone::~CellPhone() {
  // 何もしない
```

第 8 章 オブジェクトの動的な作成と破棄

```cpp
}

// Employeeクラスの定義
class Employee {
public:
  int number;              // 社員番号
  char name[80];           // 氏名
  int salary;              // 給与
  CellPhone phone;         // 携帯電話（メンバオブジェクト）
  void showData();         // メンバ変数の値を表示する
  Employee();              // 引数のないコンストラクタ
                           // 引数を持つコンストラクタ
  Employee(int nu, const char *na, int sa, const char *cn, bool cs);
  ~Employee();             // デストラクタ
};

// Employeeクラスのメンバ関数の実装
void Employee::showData() {
  cout << "社員番号：" << number << "¥n";
  cout << "氏名：" << name << "¥n";
  cout << "給与：" << salary << "¥n";
  cout << "携帯電話番号：" << phone.number << "¥n";
  cout << "スマホかどうか：" << phone.smart << "¥n";
}

// Employeeクラスの引数のないコンストラクタの実装
Employee::Employee() {
  number = 0;
  strcpy(name, "未設定");
  salary = 150000;
}

// Employeeクラスの引数を持つコンストラクタの実装
Employee::Employee(int nu, const char *na, int sa, const char *cn, bool cs)
                                              : phone(cn, cs) {
  number = nu;
  strcpy(name, na);
  salary = sa;
}

// Employeeクラスのデストラクタの実装
Employee::~Employee() {
  // 何もしない
}

// クラスを使う側のコード
```

8-2 集約

```cpp
int main() {
  // 引数のないコンストラクタを呼び出す
  Employee someone;

  // メンバ変数の値を表示する
  someone.showData();

  // 引数を持つコンストラクタを呼び出す
  Employee tanaka(1234, "田中一郎", 200000, "111-1111-1111", true);

  // メンバ変数の値を表示する
  tanaka.showData();

  return 0;
}
```

List 8-4 の実行結果

```
社員番号：0
氏名：未設定
給与：150000
携帯電話番号：未設定
スマホかどうか：0
社員番号：1234
氏名：田中一郎
給与：200000
携帯電話番号：111-1111-1111
スマホかどうか：1
```

　混乱してしまった人のために、MyClassクラスを継承してNewClassクラスを定義した場合に、NewClassクラスのコンストラクタから、MyClassクラスのコンストラクタを呼び出す**イニシャライザ**の構文を示しておきましょう。イニシャライザは、基本クラスのコンストラクタ名（すなわちクラス名MyClass）で表されます。

```cpp
NewClass::NewClass(int n, int m) : MyClass(m) {
  new_data = n;
}
```

　この章では、C++を使ったオブジェクト指向プログラミングの新たなテクニックをいくつかマスターしました。

　何度も繰り返しますが、オブジェクト指向プログラミングの絶対的な基礎は、単独の（継承も集約も行わない）クラスを定義し、それをローカルオブジェクト

217

第 8 章 オブジェクトの動的な作成と破棄

として利用することです。その他のテクニックは、オプション的なものだと考えてください。

オブジェクト指向プログラミングのさまざまな知識を覚えると、それらを常に使わなければならないような危機感を覚えて金縛りにあったようになり、結果として思うようにプログラムを作れなくなってしまう人が多くいます。

皆さんは、そうならないでください。この章で説明したさまざまなテクニックも、絶対に使わなければならないものではありません。オブジェクト指向プログラミングの目的である効率化を実現できるタイミングで、気軽に利用すればよいのです。

確認問題

Q1 以下の説明に該当する言葉または表記を選択肢から選んでください。

(1) オブジェクトを動的に作成する演算子
(2) 動的に作成されたオブジェクトを破棄する演算子
(3) 動的に作成されたオブジェクトのためのメモリ領域
(4) 集約を意味する関連
(5) 集約したオブジェクトのコンストラクタを呼び出す仕組み

> **選択肢**
>
> ア　is-a関連　　イ　delete　　　　ウ　free　　　　エ　has-a関連
> オ　new　　　　カ　メンバイニシャライザ　キ　スタック領域　　ク　ヒープ領域

Q2 以下のプログラムの空欄に適切な語句や演算子を記入してください。

```
void func() {
  // 動的オブジェクトを作成する
  MyClass *ptr = [     (1)     ] MyClass(123);

  // 動的オブジェクトを破棄する
  [     (2)     ] ptr;
}

class Employee {
public:
  // CellPhoneクラスのオブジェクトを集約する
  [     (3)     ] phone;
};
```

解答は **301**ページ にあります。

COLUMN

メモリリークに要注意！

　多くのC++プログラマを悩ませ続けている問題があります。それは、「メモリリーク」と呼ばれるバグです。new演算子で作成された動的オブジェクトは、delete演算子で破棄されるまでメモリ上に残っています。そのため、もしもコードのどこかでdelete演算子を忘れると動的オブジェクトが残ったままとなり、いずれメモリが使い切られてプログラムがクラッシュしてしまいます。場合によっては、コンピュータ本体を停止させてしまうこともあるでしょう。これがメモリリークです。

　メモリリーク（memory leak）とは、「メモリの漏れ」という意味です。たとえば、以下のようにnew演算子でMyClassクラスの動的オブジェクトを作成する関数myFunc( )を持つプログラムがあるとしましょう。myFunc( )が呼び出されるたびに、MyClassクラスのサイズ分のメモリ領域が確保されます。ところがmyFunc( )の中には、delete演算子を使ってメモリを解放する処理がありません。これでは、水道の蛇口から水がポタポタと垂れ続けるように、徐々にメモリ領域を消費し続けていきます。まさに"メモリの漏れ"というわけです。

```
void myFunc() {
    // オブジェクトを動的に作成する
    MyClass *obj = new MyClass;
}
```

　メモリリークが悩ましいのは、無事（？）に完成させたプログラムをユーザーに納入した後で発生する問題だからです。プログラマは短い時間でプログラムのテストを行います。短い時間では、徐々に進行するメモリリークによってプログラムがクラッシュすることはありません。出社時にコンピュータの電源を入れ、退社時に電源を切るなら、1日ごとにメモリが初期状態にリセットされるからです。

　ところが、ユーザーは、納入されたプログラムを何日間も連続的に使い続けるので、しばらくたってからメモリリークが発生します。プログラムがクラッシュしたという報告を受けたプログラマは、自分のコンピュータでクラッシュを再現しようとします。しかし、わずかな時間ではクラッシュを再現できません。コードを眺めてdelete演算子を使い忘れている箇所を見つけるのは、かなり困難な作業となります。

　メモリリークの問題を回避するためには、たとえ便利だと思っても、むやみにnew演算子でオブジェクトを動的に作成することは慎むべきです。オブジェクトを動的に作成する目的は、メモリの節約です。最近のコンピュータは、膨大な容量のメモリを装備しています。メモリを節約する必要など滅多にないはずです。

第 **9** 章

コピーコンストラクタと
フレンド関数

この章では、コピーコンストラクタとフレンド関数
を説明します。これらのテクニックは知っておけば
便利ですが、無理して使わなくてもよいものです。
ただし、他人が作ったプログラムのソースコードを
読まなければならないこともあるでしょうから、
C++の言語仕様の知識が多いに越したことはあり
ません。コピーコンストラクタは、関数の引数にオ
ブジェクトが渡された場合の問題を解決します。フ
レンド関数は、クラスのprivate:なメンバを利用で
きる特殊な関数です。フレンド関数は、第10章で
説明する演算子のオーバーロードでも活用されま
す。どちらも高度なテクニックですから、概要を
知っておくだけで十分でしょう。

第 **9** 章　コピーコンストラクタとフレンド関数

9-1　コピーコンストラクタ

▶ コピーコンストラクタの役割と記述方法
▶ オブジェクトを代入するときに生じる問題

9-1-1　関数にオブジェクトを渡す場合の問題

　第3章で、オブジェクトを関数の引数や戻り値としたい場合には、オブジェクトのポインタを使うと説明しました。その方法でまったく問題ないのですが、C++の言語仕様では、**ポインタでなくオブジェクトの実体を関数の引数や戻り値とすることもできます**。ここでは、オブジェクトを関数の引数として使う例を示しましょう。

ここが Point
オブジェクトの実体を関数の引数や戻り値にできる

　List 9-1は、これまで何度も例にしてきたEmployeeクラスのオブジェクトを引数とするshow()関数（クラスのメンバ関数ではなく単独の関数）を定義して使うプログラムです。show()の引数が、Employee objすなわちEmployeeクラスのオブジェクトになっていることに注目してください。show()の処理として、Employeeクラスの3つのメンバ変数の値を表示します。

ここが Point
関数の引数をオブジェクトの実体にすると、オブジェクトのコピーが作成される

　main()関数の中でEmployeeクラスのオブジェクトtanakaが作成され、tanakaを引数に渡してshow()が呼び出されます。**このときEmployeeクラスのローカルオブジェクトが自動的に作成され、それがshow()の引数objとなります**。objにはtanakaの3つのメンバ変数の値がコピーされます。show()を抜けるときにobjは自動的に破棄されます。Employeeクラスのコンストラクタとデストラクタの処理として、それらが呼び出されたことを示すメッセージを画面に表示するようにしているので、オブジェクトが作成されるタイミングと破棄されるタイミングがわかるでしょう。

222

9-1 コピーコンストラクタ

List 9-1
オブジェクトを
引数とする関数を使う

```cpp
#include <iostream>
#include <cstring>
using namespace std;

// クラスの定義
class Employee {
public:
  int number;      // 社員番号
  char name[80];   // 氏名
  int salary;      // 給与
  Employee();      // コンストラクタ
  ~Employee();     // デストラクタ
};

// コンストラクタの実装
Employee::Employee() {
  // メンバ変数をデフォルト値で初期化する
  number = 0;
  strcpy(name, "未設定");
  salary = 150000;
  cout << "コンストラクタが呼び出されました！¥n";
}

// デストラクタの実装
Employee::~Employee() {
  cout << "デストラクタが呼び出されました！¥n";
}

// 関数のプロトタイプ宣言
void show(Employee obj);

// クラスを使う側のコード
int main() {
  // オブジェクトを作成する
  Employee tanaka;

  // メンバ変数に値を設定する
  tanaka.number = 1234;
  strcpy(tanaka.name, "田中一郎");
  tanaka.salary = 200000;

  // オブジェクトを引数に渡して関数を呼び出す
  cout << "show()を呼び出します！¥n";
  show(tanaka);
  cout << "show()を抜けました！¥n";
```

223

第 **9** 章　コピーコンストラクタとフレンド関数

```
  return 0;
}

// オブジェクトを引数とする関数
void show(Employee obj) {
  cout << "社員番号:" << obj.number << "\n";
  cout << "氏名:" << obj.name << "\n";
  cout << "給与:" << obj.salary << "\n";
}
```

List 9-1 の実行結果

```
コンストラクタが呼び出されました！
show()を呼び出します！
社員番号：1234
氏名：田中一郎
給与：200000
デストラクタが呼び出されました！
show()を抜けました！
デストラクタが呼び出されました！
```

　List 9-1の実行結果で大いに注目してほしいことがあります。それは、main()関数の中でオブジェクト tanaka を作成したときにはEmployeeクラスのコンストラクタが呼び出されていますが、**tanakaのコピーとしてオブジェクトobjが自動作成されたときにはコンストラクタが呼び出されない**ことです。これは、もしもobjが自動作成されたときにコンストラクタが呼び出されると、オブジェクトのメンバがデフォルト値で初期化されてしまうからです。なかなかうまくできた言語仕様です。

　ただし、**objが破棄されるときには、デストラクタが呼び出されます**。これは、show()を抜けるときに「デストラクタが呼び出されました！」と表示されていることからわかります（Fig 9-1）。

！ ここが Point

関数の引数をオブジェクトの実体にすると、コンストラクタは呼び出されない

！ ここが Point

関数の引数をオブジェクトの実体にすると、デストラクタは呼び出される

9-1 コピーコンストラクタ

Fig 9-1
コンストラクタと
デストラクタが
呼び出されるタイミング

```
// クラスを使う側のコード
int main() {
  // オブジェクトを作成する
  Employee tanaka;  ←オブジェクトの作成時に
  ......                コンストラクタが呼び出される

  // オブジェクトを引数に渡して関数を呼び出す
  show(tanaka); ←オブジェクトのコピーが作成されるが
  return 0;          コンストラクタは呼び出されない
} ←ここで tanaka のデストラクタが呼び出される


// オブジェクトを引数とする関数
void show(Employee obj) {
  ......
} ←ここで obj のデストラクタが呼び出される
```

　プログラムの最初に表示された「コンストラクタが呼び出されました！」と、最後に表示された「デストラクタが呼び出されました！」は、main()関数の中で作成されたローカルオブジェクトtanakaに対するものです。

　関数の引数として渡されたオブジェクトが自動作成される場合にコンストラクタが呼び出されず、関数を抜けるときにデストラクタだけが呼び出されるというのは、C++の言語仕様です。

　ただし、この言語仕様が問題を引き起こす場合があります。それは、コンストラクタでnew演算子を使って動的に配列やオブジェクトを作成し、デストラクタでdelete演算子を使って破棄している場合です。

　次のページのList 9-2は、Employeeクラスのメンバ変数nameをchar型の配列ではなくchar型のポインタとし、コンストラクタで要素数80個の配列を動的に作成して、デストラクタで動的に破棄するように変更したものです。name = new char [80]; は、要素数80個分のchar型の領域を動的に確保し、その先頭アドレスをnameに代入します。delete [ ] name; は、nameが指すメモリ領域を動的に解放します。main()関数の中では、show()でメンバ変数の値を表示してから、最後にもう一度メンバ変数nameの値を表示しています。プログラムを実行すると、最後に表示されるメンバ変数nameの値がゴミデータ（ここでは「氏名：0『」となっていますが、実行環境によって、他の文字が表示される場合もあります）

225

第**9**章 コピーコンストラクタとフレンド関数

になっていることがわかります。なお、このプログラムは誤りを含んでいるの
で、異常終了する場合があります。

List 9-2
メンバ変数を動的に
作成し破棄する

```cpp
#include <iostream>
#include <cstring>
using namespace std;

// クラスの定義
class Employee {
public:
  int number;      // 社員番号
  char *name;      // 氏名 (ポインタ)
  int salary;      // 給与
  Employee();      // コンストラクタ
  ~Employee();     // デストラクタ
};

// コンストラクタの実装
Employee::Employee() {
  // name のための領域を動的に確保する
  name = new char [80];

  // メンバ変数をデフォルト値で初期化する
  number = 0;
  strcpy(name, "未設定");
  salary = 150000;
  cout << "コンストラクタが呼び出されました！¥n";
}

// デストラクタの実装
Employee::~Employee() {
  // name のための領域を動的に解放する
  delete [] name;
  cout << "デストラクタが呼び出されました！¥n";
}

// 関数のプロトタイプ宣言
void show(Employee obj);

// クラスを使う側のコード
int main() {
  // オブジェクトを作成する
  Employee tanaka;

  // メンバ変数に値を設定する
```

226

9-1 コピーコンストラクタ

```cpp
  tanaka.number = 1234;
  strcpy(tanaka.name, "田中一郎");
  tanaka.salary = 200000;

  // オブジェクトを引数に渡して関数を呼び出す
  cout << "show()を呼び出します！¥n";
  show(tanaka);
  cout << "show()を抜けました！¥n";

  // nameを表示する
  cout << "氏名：" << tanaka.name << "¥n";

  return 0;
}

// オブジェクトを引数とする関数
void show(Employee obj) {
  cout << "社員番号：" << obj.number << "¥n";
  cout << "氏名：" << obj.name << "¥n";
  cout << "給与：" << obj.salary << "¥n";
}
```

List 9-2の実行結果

```
コンストラクタが呼び出されました！
show()を呼び出します！
社員番号：1234
氏名：田中一郎
給与：200000
デストラクタが呼び出されました！
show()を抜けました！
氏名：0『
デストラクタが呼び出されました！
```

　ゴミデータが表示された理由は、show()を抜けるときに呼び出されたデストラクタでnameのためのメモリ領域が解放されてしまったからです。show()が呼び出されるときには、オブジェクトtanakaのメンバ変数が引数objのメンバ変数にコピーされます。tanakaのメンバ変数nameはポインタであり、コンストラクタの中でnew演算子によって動的に確保されたメモリ領域のアドレスを格納しています。このアドレスの値を100番地だとしましょう。引数objはコンストラクタが呼び出されることなく自動生成され、tanakaのメンバ変数の値がそのままコピーされます。objのnameも100番地を指すポインタとなります。show()を抜けるときにはデストラクタが呼び出され、ここで、nameが指している100番地からのメモリアドレスが解放されてしまいます。したがって、show()を抜け

第 **9** 章 コピーコンストラクタとフレンド関数

た後でtanaka.nameを画面に表示すると、nameのポインタは解放されてしまっているので、「田中一郎」ではなくゴミデータとなるのです。

　この問題を解決する方法は、3つほど考えられます。

　1つ目の方法は、Employeeクラスのメンバ変数をchar型のポインタではなく、もとのchar型の配列とすることです。そうすれば、tanakaとobjが異なる配列を持てます。

　2つ目の方法は、show()の引数にオブジェクトの実体ではなく、オブジェクトのポインタを渡すことです。オブジェクトのポインタを渡した場合には、show()の呼び出し時に新たなオブジェクトが作成されず、コンストラクタもデストラクタも呼び出されません。show(&tanaka); は、main()関数の中で作成されたオブジェクトtanakaのアドレスを引数に渡すものだからです。List 9-3に示すプログラムを実行して、最後に「田中一郎」と問題なく表示されていることを確認してください。

List 9-3
オブジェクトの
ポインタを引数とする
関数を使う

```cpp
#include <iostream>
#include <cstring>
using namespace std;

// クラスの定義
class Employee {
public:
  int number;     // 社員番号
  char *name;      // 氏名 (ポインタ)
  int salary;      // 給与
  Employee();      // コンストラクタ
  ~Employee();     // デストラクタ
};

// コンストラクタの実装
Employee::Employee() {
  // nameのための領域を動的に確保する
  name = new char [80];

  // メンバ変数をデフォルト値で初期化する
  number = 0;
  strcpy(name, "未設定");
  salary = 150000;
  cout << "コンストラクタが呼び出されました！\n";
}

// デストラクタの実装
Employee::~Employee() {
```

228

9-1 コピーコンストラクタ

```cpp
  // name のための領域を動的に解放する
  delete [] name;
  cout << "デストラクタが呼び出されました！¥n";
}

// 関数のプロトタイプ宣言
void show(Employee *ptr);

// クラスを使う側のコード
int main() {
  // オブジェクトを作成する
  Employee tanaka;

  // メンバ変数に値を設定する
  tanaka.number = 1234;
  strcpy(tanaka.name, "田中一郎");
  tanaka.salary = 200000;

  // オブジェクトのポインタを引数に渡して関数を呼び出す
  cout << "show()を呼び出します！¥n";
  show(&tanaka);
  cout << "show()を抜けました！¥n";

  // name を表示する
  cout << "氏名：" << tanaka.name << "¥n";

  return 0;
}

// オブジェクトのポインタを引数とする関数
void show(Employee *ptr) {
  cout << "社員番号：" << ptr->number << "¥n";
  cout << "氏名：" << ptr->name << "¥n";
  cout << "給与：" << ptr->salary << "¥n";
}
```

List 9-3 の実行結果

```
コンストラクタが呼び出されました！
show()を呼び出します！
社員番号：1234
氏名：田中一郎
給与：200000
show()を抜けました！
氏名：田中一郎
デストラクタが呼び出されました！
```

第 **9** 章 コピーコンストラクタとフレンド関数

どうしてもメモリを節約する必要があり、メンバ変数をポインタとしてコンストラクタでメモリを動的に確保し、デストラクタで解放することを行いたいのなら、3つ目の方法としてコピーコンストラクタを使うことができます。コピーコンストラクタに関しては、次の項で説明します。

9-1-2 コピーコンストラクタによる解決

問題を整理しておきましょう。オブジェクトの実体を引数とする関数が呼び出されると、新たにオブジェクトがもう1つ作成され、呼び出し側のオブジェクトのメンバ変数の値がコピーされます。関数に渡されたオブジェクトでは、コンストラクタが呼び出されず、デストラクタだけが呼び出されます。このことから、コンストラクタでメモリ領域を動的に確保しデストラクタで解放している場合には、呼び出し側のオブジェクトが動的に確保したメモリが、関数を抜けるときに解放されてしまいます。

問題を解決するためには、オブジェクトの実体を引数とする関数が呼び出されたときにもコンストラクタが呼び出される言語仕様であるならよさそうです。しかし、それではオブジェクトのメンバ変数の値が初期化されてしまいます。

そこで、C++の言語仕様では、通常のコンストラクタとは別に、**オブジェクトの実体を引数とする関数が呼び出されるときに自動的に呼び出される特殊なコンストラクタを定義できるようになっています。このようなコンストラクタをコピーコンストラクタ**と呼びます。コピーコンストラクタは、「const クラス名 & 引数名」という引数を持ったコンストラクタとして定義します。constはキーワードです。引数名の前に**アンパサンド (&)** を付けることに注意してください。引数名は何でもかまいません。たとえば、Employeeクラスのコピーコンストラクタのプロトタイプは、以下のように定義します。

```
Employee(const Employee &obj);
```

Employeeクラスのコピーコンストラクタでは、メモリの動的な確保を行い、そこにデータを格納することになります。コピーコンストラクタの引数には、コピーすべきオブジェクトが与えられます。したがって、Employeeクラスのコピーコンストラクタの実装は以下のようになります。const Employee &objの&

！ここが Point

コピーコンストラクタは、オブジェクトのコピーが作成されるときに呼び出される

！ここが Point

コピーコンストラクタは、「const クラス名 & 引数名」という引数を持つ

9-1 コピーコンストラクタ

は、**参照**と呼ばれるものです。参照は、ポインタに似た概念ですが、アロー演算子（->）ではなくドット（.）でメンバを取り扱います。

```
Employee::Employee(const Employee &obj) {
    // nameのための領域を動的に確保する
    name = new char [80];

    // データをコピーする
    number = obj.number;
    strcpy(name, obj.name);
    salary = obj.salary;
}
```

List 9-4は、List 9-2にコピーコンストラクタを追加して問題を解決したものです。最後に「田中一郎」と問題なく表示されていることに注目してください。コピーコンストラクタが自動的に呼び出されたことによって、show()の中で使われるオブジェクトのためのnameのメモリ領域が新たに確保されたからです（233ページのFig 9-2）。

List 9-4
コピーコンストラクタを
追加して問題を解決する

```
#include <iostream>
#include <cstring>
using namespace std;

// クラスの定義
class Employee {
public:
    int number;              // 社員番号
    char *name;              // 氏名 (ポインタ)
    int salary;              // 給与
    Employee();              // コンストラクタ
    Employee(const Employee &obj);     // コピーコンストラクタ
    ~Employee();             // デストラクタ
};

// コンストラクタの実装
Employee::Employee() {
    // nameのための領域を動的に確保する
    name = new char [80];

    // メンバ変数をデフォルト値で初期化する
    number = 0;
```

第 **9** 章 コピーコンストラクタとフレンド関数

```cpp
  strcpy(name, "未設定");
  salary = 150000;
  cout << "コンストラクタが呼び出されました！¥n";
}

// コピーコンストラクタの実装
Employee::Employee(const Employee &obj) {
  // name のための領域を動的に確保する
  name = new char [80];

  // データをコピーする
  number = obj.number;
  strcpy(name, obj.name);
  salary = obj.salary;
  cout << "コピーコンストラクタが呼び出されました！¥n";
}

// デストラクタの実装
Employee::~Employee() {
  // name のための領域を動的に解放する
  delete [] name;
  cout << "デストラクタが呼び出されました！¥n";
}

// 関数のプロトタイプ宣言
void show(Employee obj);

// クラスを使う側のコード
int main() {
  // オブジェクトを作成する
  Employee tanaka;

  // メンバ変数に値を設定する
  tanaka.number = 1234;
  strcpy(tanaka.name, "田中一郎");
  tanaka.salary = 200000;

  // オブジェクトを引数に渡して関数を呼び出す
  cout << "show()を呼び出します！¥n";
  show(tanaka);
  cout << "show()を抜けました！¥n";

  // name を表示する
  cout << "氏名：" << tanaka.name << "¥n";

  return 0;
```

232

9-1 コピーコンストラクタ

```cpp
}

// オブジェクトを引数とする関数
void show(Employee obj) {
  cout << "社員番号：" << obj.number << "¥n";
  cout << "氏名：" << obj.name << "¥n";
  cout << "給与：" << obj.salary << "¥n";
}
```

List 9-4 の実行結果

```
コンストラクタが呼び出されました！
show()を呼び出します！
コピーコンストラクタが呼び出されました！
社員番号：1234
氏名：田中一郎
給与：200000
デストラクタが呼び出されました！
show()を抜けました！
氏名：田中一郎
デストラクタが呼び出されました！
```

Fig 9-2
コピーコンストラクタが
呼び出されるタイミング

```cpp
// クラスを使う側のコード
int main() {
  // オブジェクトを作成する
  Employee tanaka;  ←オブジェクトの作成時にコンストラクタが呼び出される
  ......
  // オブジェクトを引数に渡して関数を呼び出す
  show(tanaka);  ←オブジェクトのコピーが作成され
  return 0;        コピーコンストラクタが呼び出される
} ←ここでデストラクタが呼び出される


// オブジェクトを引数とする関数
void show(Employee obj) {
  ......
} ←ここでデストラクタが呼び出される
```

233

第 **9** 章 コピーコンストラクタとフレンド関数

9-1-3 オブジェクトを代入する場合の問題

❗ここが Point

オブジェクトどうしを＝演算子で代入すると、メンバ変数の値がコピーされる

　第1章では、代入演算子（＝）を使って、同じ構造体をデータ型とした変数どうしで代入を行うと、メンバ変数の値がコピーされることを説明しました。これは、同じクラスをデータ型とした変数（オブジェクト）の場合も同様です。List 9-5は、Employeeクラスをデータ型としたオブジェクトtanakaとsomeoneを宣言し、tanakaだけメンバ変数に値を設定して、tanakaをsomeoneに代入するものです。someoneのメンバ変数の値を画面に表示すると、tanakaのメンバ変数の値が代入されていることがわかります。

List 9-5
オブジェクトどうしで代入を行う

```cpp
#include <iostream>
#include <cstring>
using namespace std;

// クラスの定義
class Employee {
public:
  int number;          // 社員番号
  char name[80];       // 氏名
  int salary;          // 給与
  void showData();     // メンバ変数の値を表示する
};

// メンバ関数の実装
void Employee::showData() {
  cout << "社員番号:" << number << "\n";
  cout << "氏名:" << name << "\n";
  cout << "給与:" << salary << "\n";
}

// クラスを使う側のコード
int main() {
  // オブジェクトを作成する
  Employee tanaka, someone;

  // メンバ変数に値を設定する
  tanaka.number = 1234;
  strcpy(tanaka.name, "田中一郎");
  tanaka.salary = 200000;
```

9-1 コピーコンストラクタ

```
    // オブジェクトを代入する
    someone = tanaka;

    // メンバ変数の値を変更する
    tanaka.salary = 250000;

    // メンバ変数の値を表示する
    tanaka.showData();
    someone.showData();

    return 0;
}
```

List 9-5の実行結果

```
社員番号：1234
氏名：田中一郎
給与：250000
社員番号：1234
氏名：田中一郎
給与：200000
```

オブジェクトを代入することで、メンバ変数に同じ値を持った2つのオブジェクトが存在することになります。これらのオブジェクトは、個々に独立したものなので、他方のメンバ変数の値を変更しても、それがもう一方に影響することはありません。

たとえば、List 9-5では、tanakaをsomeoneに代入した後で、tanakaのメンバ変数salaryの値を200000から250000に変更していますが、それによってsomeoneのメンバ変数salaryの値が変わることはありません。someoneのメンバ変数salaryの値は、代入時の200000のままです。

ここがPoint

ポインタをメンバに持つオブジェクトどうしの代入には、注意が必要である

ただし、注意しなければならないことがあります。それは、**クラスのコンストラクタの中でnew演算子を使って動的に配列やオブジェクトを作成し、それらをデストラクタで破棄するクラスを使う場合**です。オブジェクトの実体を引数とする関数の問題と同様に、ポインタの値がコピーされると、どちらか一方のオブジェクトのデストラクタが呼び出されることで、他方のオブジェクトのメンバ変数（new演算子で動的に確保されたポインタ）が指すメモリ領域が解放されてしまうのです。

たとえば、Employeeクラスのメンバ変数nameをポインタとし、そのメモリ領域を動的に確保および解放するように変更したとしましょう。Employeeクラスのオブジェクトtanakaとsomeoneを作成し、someoneにtanakaを代入します。

235

第 **9** 章　コピーコンストラクタとフレンド関数

これによって、someoneとtanakaのnameは、同じメモリアドレスを指すことになり、もともとsomeoneのnameが指していたメモリ領域は迷子になります。delete演算子で破棄できず、メモリリークを引き起こしかねません。さらに問題なのは、以下のようにsomeoneのnameに書き込みを行うと、それがそのままtanakaのnameに書き込まれてしまうことです。

```
// オブジェクトを代入する
someone = tanaka;

// someone の name を変更する
strcpy(someone.name, "技術太郎");

// tanaka の name が技術太郎となってしまう
cout << tanaka.name << "¥n";
```

この問題もコピーコンストラクタで解決できると思われるでしょう。ところが、そうではありません。コピーコンストラクタは、関数の引数にオブジェクトが渡されるときに（オブジェクトが作成されるときに）呼び出されるものです。オブジェクトどうしの代入では、すでに2つのオブジェクトが作成済みであり、コピーコンストラクタは呼び出されないのです。

● ここが Point
コピーコンストラクタは、オブジェクトどうしの代入時には呼び出されない

List 9-6を実行して確かめてください。Employeeクラスにコピーコンストラクタを定義してありますが、**オブジェクトの代入では呼び出されない**ことがわかるでしょう。単にtanakaのname（ポインタ）の値がsomeoneのnameにコピーされただけとなり、someoneのnameを「技術太郎」に変更すると、tanakaのnameも「技術太郎」になってしまいます（239ページのFig 9-3）。なお、このプログラムは誤りを含んでいるので、異常終了する場合があります（Visual Studio 2017のコマンドラインコンパイラでは、最後の「デストラクタが呼び出されました！」が表示されずに異常終了します）。

List 9-6
オブジェクトの代入ではコピーコンストラクタが呼び出されない

```cpp
#include <iostream>
#include <cstring>
using namespace std;

// クラスの定義
class Employee {
public:
  int number;        // 社員番号
  char *name;        // 氏名（ポインタ）
```

9-1 コピーコンストラクタ

```cpp
  int salary;          // 給与
  void showData();     // メンバ変数の値を表示する
  Employee();          // コンストラクタ
  Employee(const Employee &obj); // コピーコンストラクタ
  ~Employee();         // デストラクタ
};

// コンストラクタの実装
Employee::Employee() {
  // name のための領域を動的に確保する
  name = new char [80];

  // メンバ変数をデフォルト値で初期化する
  number = 0;
  strcpy(name, "未設定");
  salary = 150000;
  cout << "コンストラクタが呼び出されました！¥n";
}

// コピーコンストラクタの実装
Employee::Employee(const Employee &obj) {
  // name のための領域を動的に確保する
  name = new char [80];

  // データをコピーする
  number = obj.number;
  strcpy(name, obj.name);
  salary = obj.salary;
  cout << "コピーコンストラクタが呼び出されました！¥n";
}

// デストラクタの実装
Employee::~Employee() {
  // name のための領域を動的に解放する
  delete [] name;
  cout << "デストラクタが呼び出されました！¥n";
}

// メンバ関数の実装
void Employee::showData() {
  cout << "社員番号：" << number << "¥n";
  cout << "氏名：" << name << "¥n";
  cout << "給与：" << salary << "¥n";
}

// クラスを使う側のコード
```

237

第 **9** 章　コピーコンストラクタとフレンド関数

```cpp
int main() {
  // オブジェクトを作成する
  Employee tanaka, someone;

  // メンバ変数に値を設定する
  tanaka.number = 1234;
  strcpy(tanaka.name, "田中一郎");
  tanaka.salary = 200000;

  // オブジェクトを代入する
  someone = tanaka;

  // メンバ変数の値を変更する
  someone.number = 1111;
  strcpy(someone.name, "技術太郎");
  someone.salary = 150000;

  // メンバ変数の値を表示する
  tanaka.showData();
  someone.showData();

  return 0;
}
```

List 9-6の実行結果

```
コンストラクタが呼び出されました！
コンストラクタが呼び出されました！
社員番号：1234
氏名：技術太郎
給与：200000
社員番号：1111
氏名：技術太郎
給与：150000
デストラクタが呼び出されました！
デストラクタが呼び出されました！
```

238

9-1 コピーコンストラクタ

Fig 9-3
オブジェクトどうしの
代入ではコピーコンスト
ラクタが呼び出されない

```
int main() {
    // オブジェクトを作成する
    Employee tanaka, someone;  ←ここで tanaka と someone の
    ......                        コンストラクタが呼び出される
    // オブジェクトを代入する
    someone = tanaka;  ←ここでコピーコンストラクタは呼び出されない

    // メンバ変数の値を変更する
    someone.number = 1111;
    strcpy(someone.name, "技術太郎");
    someone.salary = 150000;

    // メンバ変数の値を表示する
    tanaka.showData();
    someone.showData();

    return 0;
}  ←ここで tanaka と someone のデストラクタが呼び出される
```

　メンバ変数にポインタを持つクラスのオブジェクトどうしの代入の問題点は、
代入演算子をオーバーロードすることで解決できます。演算子のオーバーロード
は、第10章で説明します。もちろん、Employeeクラスのメンバ変数nameをポ
インタでなくchar型の配列とすれば、そもそも問題など発生しません。

第 **9** 章　コピーコンストラクタとフレンド関数

9-2　フレンド関数

- ⊙ フレンド関数の機能と記述方法
- ⊙ フレンド関数を活用してメンバ変数を比較する
- ⊙ this ポインタの意味と活用方法

9-2-1　フレンド関数とは？

❶ ここが Point

フレンド関数は、クラスのあらゆるメンバを利用できる

　何の役に立つのかは別として、C++ の言語仕様では、**単独の関数からクラスのあらゆるメンバを利用できるフレンド関数**を定義することができます。ポインタでも実体でも、通常の関数の引数にオブジェクトを渡した場合には、そのオブジェクトの public: なメンバだけを利用できますが、フレンド関数なら private: なメンバと protected: なメンバを含めて、すべてのメンバを利用できるのです。メンバ関数でないのにクラスのすべてのメンバを利用できるので、クラスの友だち（フレンド＝ friend）だというわけです。

　フレンド関数のサンプルをお見せしましょう。241 ページに示したのは、MyClass クラスの定義とフレンド関数 show() の定義です。show() は、MyClass クラスの 3 つのメンバ変数の値を画面に表示します。show() は、引数として MyClass クラスのオブジェクトのポインタを受け取ります。

　フレンド関数の定義は、フレンド関数の側ではなくクラスの側に記述します。MyClass クラスの定義の最後にある friend void show(MyClass *ptr); がそれです。**friend** は、フレンド関数を表すキーワードです。friend に続けてフレンド関数のプロトタイプを宣言します。

❶ ここが Point

フレンド関数は、クラスのメンバ関数ではない

　フレンド関数 show( ) は、MyClass クラスのメンバ関数ではないことに注意してください。フレンド関数は、クラスに属さない単独の関数です。だからこそ、show() の実体を定義する部分で、void MyClass::show(MyClass *ptr) ではなく、単に void show(MyClass *ptr) としているのです。クラスの中のアクセス指定子もフレンド関数には作用しません。private: 以降にフレンド関数を記述しても、それを呼び出せます。くどいようですが、フレンド関数はクラスのメンバ関数で

240

9-2 フレンド関数

はないからです。

```cpp
// MyClassクラスの定義
class MyClass {
private:
  int pri_data;
protected:
  int pro_data;
public:
  int pub_data;
  friend void show(MyClass *ptr); // フレンド関数
};

// フレンド関数の実体の定義
void show(MyClass *ptr) {
  // すべてのメンバを利用できる
  cout << ptr->pri_data << "¥n";  // private:なメンバ
  cout << ptr->pro_data << "¥n";  // protected:なメンバ
  cout << ptr->pub_data << "¥n";  // public:なメンバ
}
```

フレンド関数とは、クラスのあらゆるメンバを利用できる特権が与えられた特殊な関数だと考えればよいでしょう。

List 9-7は、フレンド関数show()と通常の関数disp()の違いを示すものです。どちらの関数も処理内容は同じですが、MyClassクラスのフレンド関数となっていないdisp()では、MyClassクラスのprivate:およびprotected:なメンバを利用している部分が、List 9-7のコンパイル結果に示すようなコンパイルエラーとなります(ここではVisual Studio 2017のコマンドラインコンパイラを使っています)。通常の関数であるdisp()では、MyClassクラスのpublic:なメンバしか利用できないからです。

List 9-7
フレンド関数と
通常の関数の違い

```cpp
#include <iostream>
using namespace std;

// MyClassクラスの定義
class MyClass {
private:
  int pri_data;
protected:
  int pro_data;
public:
```

241

第 **9** 章 コピーコンストラクタとフレンド関数

```cpp
  int pub_data;
  friend void show(MyClass *ptr);     // フレンド関数
  MyClass();                          // コンストラクタ
};

// コンストラクタの実装
MyClass::MyClass() {
  pri_data = 123;
  pro_data = 456;
  pub_data = 789;
}

// フレンド関数の実体の定義
void show(MyClass *ptr) {
  // すべてのメンバを利用できる
  cout << ptr->pri_data << "¥n";
  cout << ptr->pro_data << "¥n";
  cout << ptr->pub_data << "¥n";
}

// 通常の関数の実体の定義
void disp(MyClass *ptr) {
  // public: なメンバだけを利用できる
  cout << ptr->pri_data << "¥n";     // エラーになる！
  cout << ptr->pro_data << "¥n";     // エラーになる！
  cout << ptr->pub_data << "¥n";
}

// クラスと関数を使う側のコード
int main() {
  // オブジェクトを作成する
  MyClass obj;

  // フレンド関数を呼び出す
  cout << "フレンド関数：¥n";
  show(&obj);

  // 通常の関数を呼び出す
  cout << "通常の関数：¥n";
  disp(&obj);

  return 0;
}
```

242

9-2　フレンド関数

**List 9-7の
コンパイル結果**

```
list9_7.cpp(34): error C2248: 'MyClass::pri_data': private メンバー
(クラス 'MyClass' で宣言されている) にアクセスできません。
list9_7.cpp(35): error C2248: 'MyClass::pro_data': protected メンバー
(クラス 'MyClass' で宣言されている) にアクセスできません。
```

　以下のように、disp()の中でMyClassクラスのprivate:なメンバとprotected:なメンバを利用している部分をコメントアウトしましょう。今度は、コンパイルエラーにならないはずです。

```
// 通常の関数の実体の定義
void disp(MyClass *ptr) {
  // public:なメンバだけを利用できる
  // cout << ptr->pri_data << "¥n";
  // cout << ptr->pro_data << "¥n";
  cout << ptr->pub_data << "¥n";
}
```

9

**変更後の
List 9-7の実行結果**

```
フレンド関数：
123
456
789
通常の関数：
789
```

❶ ここが Point

基本クラスのフレンド関数は、派生クラスに継承されない

　フレンド関数は、クラスのメンバ関数ではないので継承されません。基本クラスのフレンド関数は、派生クラスのフレンド関数とはなりません。ただし、1つの関数を複数のクラスのフレンド関数とすることは可能です。したがって、基本クラスのフレンド関数を派生クラスでもフレンド関数にしたいなら、両方のクラスの定義で、friendキーワードを使ってフレンド関数を指定すればよいのです。1つのクラスに複数のフレンド関数を定義することもできます。

第 **9** 章 コピーコンストラクタとフレンド関数

9-2-2 フレンド関数の活用方法

　フレンド関数は、異なる2つのクラスのオブジェクトを引数に持ち、オブジェクトのメンバ変数の値を比較するような場合に活用されます。たとえば、以下のような関数compObj()があったとしましょう。compObj()は、引数にMyClassクラスのオブジェクトのポインタとYourClassクラスのオブジェクトのポインタを持ち、それぞれのクラスのメンバ変数であるvalとnumの値を比較した結果を画面に表示します。

```
void compObj(MyClass *m, YourClass *y) {
  if (m->val > y->num) {
    cout << "valはnumより大きい！¥n";
  }
  else if (m->val < y->num) {
    cout << "valはnumより小さい！¥n";
  }
  else {
    cout << "valとnumは等しい！¥n";
  }
}
```

　compObj()のような関数は、MyClassクラスとYourClassクラス両方のフレンド関数にします。もしもメンバ変数valとnumのアクセス指定子がpublic:なら、フレンド関数にする必要などないのですが、本格的なオブジェクト指向プログラミングでは、クラスが持つメンバ変数をすべてprivate:にするのが一般的なので、フレンド関数が活用されるのです。

● ここが Point

前方参照によって、クラスであることを明示できる

　異なる2つのクラスを引数とするフレンド関数の定義では、**クラスの前方参照**というテクニックが必要になります。たとえば、以下のようにMyClassクラスとYourClassクラスの定義を記述したとしましょう。C++コンパイラは、ソースコードを先頭から順に見ていきます。MyClassクラスの中で定義されているフレンド関数compObj(MyClass *m, YourClass *y); を見たとき、YourClassがクラスであることがわからず、コンパイルエラーになります。これは、MyClassクラスの定義とYourClassクラスの定義の順序を入れ替えても同じです。

244

9-2　フレンド関数

```cpp
// MyClassクラスの定義
class MyClass {
private:
  int val;
  friend void compObj(MyClass *m, YourClass *y);    // フレンド関数
};

// YourClassクラスの定義
class YourClass {
private:
  int num;
  friend void compObj(MyClass *m, YourClass *y);    // フレンド関数
};
```

　このような場合には、MyClassクラスの定義の前にclass YourClass; という1行を記述しておきます。これが前方参照です。class YourClass; によって、コンパイラはYourClassがクラスであることが事前にわかり、MyClassクラスの中で定義されているフレンド関数compObj()の引数のデータ型を解釈できます。

　List 9-8は、これまでの説明をまとめたサンプルプログラムです。興味のある人は、前方参照を表すclass YourClass; の部分をコメントアウトしてコンパイルしてみてください。247ページの「前方参照がないList 9-8のコンパイル結果」に示したようなエラーメッセージが表示されるはずです（ここではVisual Studio 2017のコマンドラインコンパイラを使っています）。「構文エラー：識別子'YourClass'」というエラーメッセージは、フレンド関数の引数に指定されたYourClassが何であるかがわからないという意味です。

　フレンド関数の定義をprivate:以降に記述していることにも注目してください。このprivate:は、フレンド関数には作用しない（したがってフレンド関数を呼び出せる）ことがわかるでしょう。もちろんprotected:以降でフレンド関数を定義しても、public:以降で定義しても、かまいません。

List 9-8
2種類のオブジェクトを
引数とするフレンド関数

```cpp
#include <iostream>
using namespace std;

// 前方参照（この部分をコメントアウトする）
class YourClass;

// MyClassクラスの定義
class MyClass {
private:
```

245

第 **9** 章 コピーコンストラクタとフレンド関数

```cpp
    int val;
    friend void compObj(MyClass *m, YourClass *y);   // フレンド関数
public:
  // 引数のないコンストラクタ
  MyClass() {
    val = 0;
  }
  // 引数を持つコンストラクタ
  MyClass(int v) {
    val = v;
  }
};

// YourClassクラスの定義
class YourClass {
private:
  int num;
  friend void compObj(MyClass *m, YourClass *y);   // フレンド関数
public:
  // 引数のないコンストラクタ
  YourClass() {
    num = 0;
  }
  // 引数を持つコンストラクタ
  YourClass(int n) {
    num = n;
  }
};

// フレンド関数の実体の定義
void compObj(MyClass *m, YourClass *y) {
  if (m->val > y->num) {
    cout << "valはnumより大きい！¥n";
  }
  else if (m->val < y->num) {
    cout << "valはnumより小さい！¥n";
  }
  else {
    cout << "valとnumは等しい！¥n";
  }
}

// クラスと関数を使う側のコード
int main() {
  // オブジェクトを作成する
  MyClass mc(123);
```

246

9-2 フレンド関数

```
  YourClass yc(456);

  // フレンド関数を使う
  compObj(&mc, &yc);

  return 0;
}
```

List 9-8の実行結果

```
valはnumより小さい！
```

前方参照がない List 9-8の コンパイル結果

前方参照を指定しないとコンパイルエラーになる

```
list9_8.cpp(11): error C2061: 構文エラー: 識別子 'YourClass'
```

9

9-2-3 thisポインタ

以下のEmployeeクラスを見てください。メンバ関数showData()は、3つのメンバ変数の値を画面に表示します。これまで何度も使ってきたクラスですが、何か不思議に思うことがないでしょうか？ それは、showData()を実装するコードの内容です。number、name、salaryという3つのメンバ変数が、「所有者.メンバ名」のように所有者を指定しないで使えるのは、よくよく考えれば不思議なことです。

ここがPoint

メンバ関数は、所有者を指定することなくメンバ変数を利用できる

```
// クラスの定義
class Employee {
public:
  int number;          // 社員番号
  char name[80];       // 氏名
  int salary;          // 給与
  void showData();     // メンバ変数の値を表示する
};

// メンバ関数の実装
void Employee::showData() {
  cout << number << "¥n";
  cout << name << "¥n";
```

247

第 9 章 コピーコンストラクタとフレンド関数

```
    cout << salary << "¥n";
}
```

実は、メンバ関数が呼び出されると、暗黙のうちに（コード上は見えなくても）現在のオブジェクトのポインタが、メンバ関数に渡されるようになっているのです。

すなわち、以下のようにEmployeeクラスのオブジェクトtanakaを作成し、tanaka.showData(); としてメンバ関数を呼び出すと、tanakaのアドレスがshowData()に渡され、それによってnumber、name、salaryという3つのメンバ変数の所有者がわかるのです。

```
// オブジェクトを作成する
Employee tanaka;
    ⋮
// メンバ関数を呼び出す
tanaka.showData();
```

ここが Point

thisポインタは、現在の
オブジェクトのポインタ
を返す

メンバ関数に渡されるオブジェクトのポインタは、thisというキーワードで明示的に取り扱うこともできます。これを**thisポインタ**と呼びます。メンバ関数を実装するコードの中でthisポインタを使ってメンバ変数を利用すると、以下のようになります。このようなコードの書き方をしても決して間違いではありませんが、いちいちthis->numberのようにするのが面倒なので、**this->**を省略して記述できる言語仕様になっているのです。

```
// メンバ関数の実装
void Employee::showData() {
  cout << this->number << "¥n";
  cout << this->name << "¥n";
  cout << this->salary << "¥n";
}
```

thisポインタを明示的に指定しなければならない場合もあります。それは、メンバ関数やコンストラクタの引数名をメンバ変数名と同じにする場合です。

Employeeクラスのメンバ変数と同じ名前の引数を持つコンストラクタを以下のように実装したとしましょう。引数名がメンバ変数名と同じなので、どの引数がどのメンバ変数に代入されるかわかりやすいコードです。ただし、コンパイラから見れば、number = number; のような部分で、左辺と右辺のどちらがメンバ

248

変数でどちらが引数なのかがわからず、コンパイルエラーになります。

```cpp
// Employeeクラスのメンバ変数と同じ名前の引数を持つコンストラクタの
// 実装（コンパイルエラーになる）
Employee::Employee(int number, const char *name, int salary) {
  number = number;
  strcpy(name, name);
  salary = salary;
}
```

　この問題は、以下のようにメンバ変数の側にthisポインタを指定することで解決できます。this-> number = number; なら、左辺がメンバ変数で、右辺が引数だとわかるからです。

```cpp
Employee::Employee(int number, const char *name, int salary) {
  this->number = number;
  strcpy(this->name, name);
  this->salary = salary;
}
```

　クラスのメンバ関数の中で他のメンバ関数を呼び出す場合にも、thisポインタを指定できます。たとえば、Employeeクラスにfunc()というメンバ関数があり、その処理としてshowData()を呼び出すなら、以下のようにします。

```cpp
void Employee::func() {
  ⋮
  this->showData();
}
```

　C言語に機能を追加する形で開発されたC++は、言語仕様が豊富なプログラミング言語だと言えます。問題を生じさせる可能性がある言語仕様の一方で、それを解決するための言語仕様もあります。このことがC++を難しい言語にしてしまっています。

　ただし、問題を生じさせるような言語仕様を使わなければ、その問題を解決する言語仕様をマスターする必要はありません。この章で説明したコピーコンストラクタとフレンド関数は、滅多に必要とされるものではないでしょう。それらが言語仕様として存在することだけを知っておけば十分です。

確認問題

Q1 以下の説明に該当する言葉または表記を選択肢から選んでください。

(1) 関数の引数にオブジェクトが渡されるときに呼び出される
(2) 配列を動的に作成する演算子
(3) 動的に作成された配列を破棄する演算子
(4) クラスのすべてのメンバを利用できる関数
(5) 現在のオブジェクトを指す

選択肢

ア フレンド関数	イ 仮想関数	ウ ->	エ コンストラクタ
オ this ポインタ	カ new	キ delete	ク コピーコンストラクタ

Q2 以下のプログラムの空欄に適切な語句や演算子を記入してください。

```cpp
// Employee クラスのコピーコンストラクタ
Employee::Employee([     (1)     ]) {
    // name のための領域を動的に確保する
    name = [      (2)      ] char [80];

    // データをコピーする
    number = obj.number;
    strcpy(name, obj.name);
    salary = obj.salary;
}

// MyClass クラスにフレンド関数 show を定義する
class MyClass {
public:
    [      (3)      ] void show(MyClass *ptr);
};
```

解答は **301ページ** にあります。

250

COLUMN

便利な string クラス

　C言語に標準関数ライブラリがあるように、C++には標準クラスライブラリがあります。標準クラスライブラリには、さまざまな機能を提供するクラスがありますが、使いこなしている人は少ないようです。なぜなら、C++からC言語の標準関数を使うことができるので、それで間に合ってしまう場合が多いからです。そうであっても、多くのC++プログラマが愛用している便利なクラスが1つだけあります。それは、文字列を取り扱うstringクラスです。stringクラスは、stringというヘッダーファイルに定義されています。

　C言語では、文字列をchar型の配列として表し、strcpy( )でコピーし、strcmp( )で比較します。同じことをC++で行ってもかまわないのですが、stringクラスを使ったほうが、プログラミングが効率的になります。stringクラスでは、コピーや比較の機能が演算子として提供されているからです（第10章で説明する、演算子のオーバーロードと呼ばれるテクニックが駆使されています）。以下は、stringクラスを使ったサンプルプログラムです。

```cpp
#include <iostream>
#include <string>
using namespace std;

int main() {
  // 文字列を作成する
  std::string s1("Apple");
  std::string s2("Orange");
  std::string s3;

  // 文字列を代入する
  s3 = s2;

  // 文字列を比較する
  if (s3 > s1) {
    cout << s3 << "は" << s1 << "より大きい！¥n";
  }

  return 0;
}
```

　stringクラスの便利さが実感できたら、インターネットを検索して、他の標準クラスライブラリも調べてみてください。すべてのクラスの種類を丸暗記する必要などありません。部品だと割り切って、必要なクラスだけを気軽に利用すればよいのです。

第10章

その他のテクニック

この章では、これまでの章で説明していなかったプログラミングテクニックをいくつか紹介します。前半では、演算子のオーバーロードを説明します。これは、代入演算子や算術演算子などの機能をクラスで独自に定義し直すものです。演算子をオーバーロードすることで、ますますクラスが使いやすくなります。クラスを作る人はその分コーディングが面倒になりますが、クラスを使う人には便利なのです。後半では、まず、テンプレートクラスの作り方と使い方を説明します。テンプレートクラスは、クラスを作る人がアルゴリズムだけを実装し、クラスを使う人がデータ型を決めるというものです。次に、オブジェクト指向プログラミングならではのテクニックであるダブルディスパッチを使ったじゃんけんゲームを紹介します。そして、最後に、本書のまとめとして三目並べ（さんもくならべ）ゲームを作成します。

第**10**章 その他のテクニック

10-1 演算子のオーバーロード

▶ 演算子をオーバーロードする方法
▶ フレンド関数を使って演算子をオーバーロードする方法

10-1-1 代入演算子のオーバーロード

オーバーロードとは、1つのクラスに同じ名前で引数の異なるメンバ関数を複数定義することです。メンバ関数をオーバーロードすることで、クラスを使う人は覚えることが少なくなり、効率的にプログラミングできます。同じメッセージ（同じ名前のメンバ関数の呼び出し）で複数の機能が呼び出されることから、オーバーロードによって多態性が実現されるとも言えます。

● ここが Point
演算子のオーバーロードとは、演算子の機能をクラスで独自に定義し直すことである

メンバ関数だけではなく、=、+、>などの**演算子**をオーバーロードすることもできます。**演算子をオーバーロードするとは、演算子の機能をクラスで独自に定義し直すことです。**たとえば、MyClassクラスで+演算子をオーバーロードしておくと、クラスのオブジェクトを作って使う人は、以下のようにMyClassクラスのオブジェクトを+演算子で演算できます。+演算子によって何が行われるのかは、MyClassクラスを作る人が自由に決めてかまいませんが、演算子本来の意味合いに近い機能にするべきです。+演算子をオーバーロードするなら、オブジェクトのメンバ変数どうしを加算して+演算子のイメージに合った機能にするということです。クラスを使う人が直感的にわかるものとしなければなりません。

```
// オブジェクトを作成する
MyClass obj1, obj2, obj3;

// オブジェクトを加算する
obj3 = obj1 + obj2;
```

254

ここが Point

.演算子、::演算子、?演算子、.*演算子などは、オーバーロードできない

ここが Point

代入演算子をオーバーロードすれば、オブジェクトの代入における問題を解決できる

C++の演算子のほとんどは、オーバーロード可能です。ただし、ドット演算子（.）、スコープ解決演算子（::）、?演算子、および.*演算子などはオーバーロードできない約束になっています。もっとも、これらの演算子をオーバーロードしたいと思うことなど滅多にないはずですから、問題にはならないでしょう。この章では、最もよく利用される代入演算子（=）、算術演算子（+、-、*、/）、および比較演算子（==、!=、>、>=、<、<=）をオーバーロードするサンプルプログラムを作成します。

まず、**代入演算子**をオーバーロードしてみましょう。代入演算子をオーバーロードしなくても、オブジェクトどうしを代入すれば、すべてのメンバ変数がコピーされます。ただし、クラスのメンバ変数の中に動的に確保されたメモリ領域を指すポインタがある場合は、問題があります（その理由は第9章で説明しました）。代入演算子をオーバーロードすれば、この問題を解決できます。

以下は、第9章で問題となったEmployeeクラスを簡略化したものです。Employeeクラスでは、メンバ変数nameが動的に確保されたメモリ領域を指すポインタとなっています。このままEmployeeクラスのオブジェクトどうしで代入を行うと、同じメモリ領域を2つのオブジェクトのnameが指すことになり、一方のオブジェクトのデストラクタが呼び出されると、他方のオブジェクトのnameが無効になってしまいます。

```
// クラスの定義
class Employee {
public:
  int number;      // 社員番号
  char *name;      // 氏名（ポインタ）
  int salary;      // 給与
  Employee();      // コンストラクタ
  ~Employee();     // デストラクタ
};

// コンストラクタの実装
Employee::Employee() {
  // nameのための領域を動的に確保する
  name = new char [80];
}

// デストラクタの実装
Employee::~Employee() {
  // nameのための領域を動的に解放する
  delete [] name;
}
```

第**10**章　その他のテクニック

> **ここがPoint**
>
> 演算子のオーバーロードの正体は、operatorで始まる名前のメンバ関数である

Employee クラスで代入演算子をオーバーロードするには、以下のように operator=( )という名前の特殊なメンバ関数を追加します。すなわち、オーバーロードされた演算子の正体はメンバ関数なのです。コンパイラが、オーバーロードされた代入演算子（=）を、operator=()というメンバ関数の呼び出しに変えてくれます。

```
// クラスの定義
class Employee {
public:
  int number;      // 社員番号
  char *name;      // 氏名（ポインタ）
  int salary;      // 給与
  Employee();      // コンストラクタ
  ~Employee();     // デストラクタ
  Employee &operator=(Employee &obj); // 代入演算子のオーバーロード
};
```

代入演算子をオーバーロードするメンバ関数のプロトタイプEmployee &operator=(Employee &obj); を見てください。代入演算子の機能は、オブジェクトを他のオブジェクトに代入し、代入されたオブジェクトを演算結果として返すことです。したがって、メンバ関数の戻り値のデータ型はEmployeeクラスとなります。代入演算子は、代入するオブジェクトを受け取ります。したがって、メンバ関数の引数もEmployeeクラスとなります。

2カ所で使われている&は、参照を表すものです。参照はポインタに似たものですが、演算子のオーバーロードでは、ポインタではなく参照が使われます。メンバ関数名は、**operator**というキーワードに演算子の記号を付加したものとする約束になっています。代入演算子（=）をオーバーロードするメンバ関数の名前は、operator=になります。operatorがあることで、コンパイラは演算子のオーバーロードであることを判断できます。

代入演算子をオーバーロードするメンバ関数の実装は、以下のようになります。this->が付けられたメンバ変数は、代入される側（代入演算子の左辺）のオブジェクトのものです。obj. が付けられたメンバ変数は、代入する側（代入演算子の右辺）のオブジェクトのものです。

ポインタではないメンバ変数numberとsalaryは、そのまま代入します。ポインタであるメンバ変数は、ポインタが指す領域にあるデータをコピーします。間違って、this->name = obj.name; とすると、ポインタが指すアドレス自体がコピーされてしまうので注意してください。これでは、オーバーロードする前の代

256

入演算子のデフォルトの機能のままです。

　代入演算子の演算結果は、代入された側のオブジェクトです。return *this; が
それを表します。this ポインタにアスタリスク（*）を付けると、オブジェクトの
実体を表すものとなります。

```cpp
// 代入演算子のオーバーロードの実装
Employee &Employee::operator=(Employee &obj) {
  // ポインタでないメンバ変数の値は、そのまま代入する
  this->number = obj.number;
  this->salary = obj.salary;

  // ポインタが指すメモリ領域をコピーする
  strcpy(this->name, obj.name);

  // 代入されたオブジェクト自体を返す
  return *this;
}
```

　以下の List 10-1 のプログラムを実行してください。ポインタをメンバ変数と
したクラスのオブジェクトどうしの代入の問題が、代入演算子のオーバーロード
で解決できたことを確認できるはずです。tanaka を someone に代入し、someone
の name を変更しても、それが tanaka の name に影響しません。ここでは、
Employee クラスのコピーコンストラクタを省略しています。もしも Employee
クラスをより完全なものとしたいなら、コピーコンストラクタを定義する必要が
あります。

List 10-1
代入演算子を
オーバーロードした
Employee クラス

```cpp
#include <iostream>
#include <cstring>
using namespace std;

// クラスの定義
class Employee {
public:
  int number;     // 社員番号
  char *name;     // 氏名（ポインタ）
  int salary;     // 給与
  Employee();     // コンストラクタ
  ~Employee();    // デストラクタ
  Employee &operator=(Employee &obj); // 代入演算子のオーバーロード
};
```

257

第10章 その他のテクニック

```cpp
// コンストラクタの実装
Employee::Employee() {
  // name のための領域を動的に確保する
  name = new char [80];
}

// デストラクタの実装
Employee::~Employee() {
  // name のための領域を動的に解放する
  delete [] name;
}

// 代入演算子のオーバーロードの実装
Employee &Employee::operator=(Employee &obj) {
  // ポインタでないメンバ変数の値は、そのまま代入する
  this->number = obj.number;
  this->salary = obj.salary;

  // ポインタが指すメモリ領域をコピーする
  strcpy(this->name, obj.name);

  // 代入されたオブジェクト自体を返す
  return *this;
}

// クラスを使う側のコード
int main() {
  // オブジェクトを作成する
  Employee tanaka, someone;

  // tanaka のメンバ変数だけを設定する
  tanaka.number = 1234;
  strcpy(tanaka.name, "田中一郎");
  tanaka.salary = 200000;

  // オブジェクトを代入する
  someone = tanaka;

  // someone の name を表示する
  cout << "someone：" << someone.name << "¥n";

  // someone の name を変更する
  strcpy(someone.name, "技術太郎");
  cout << "someone：" << someone.name << "¥n";
```

258

10-1　演算子のオーバーロード

```
  // tanakaのnameは変わらない
  cout << "tanaka：" << tanaka.name << "¥n";

  return 0;
}
```

List 10-1の実行結果

```
someone：田中一郎
someone：技術太郎
tanaka：田中一郎
```

　クラスを作る人から見れば、演算子のオーバーロードとは、operatorという名前で始まる特殊なメンバ関数を定義することです。もしも演算子をオーバーロードする構文が複雑でわかりづらいと思うなら、同じ機能を通常のメンバ関数として実現することもできます。たとえば、代入演算子のオーバーロードと同じ機能を持つメンバ関数set()をEmployeeクラスに定義すると、以下のようになります。

```
// クラスの定義
class Employee {
public:
  int number;    // 社員番号
  char *name;    // 氏名（ポインタ）
  int salary;    // 給与
  Employee();    // コンストラクタ
  ~Employee();   // デストラクタ
  void set(Employee *obj1, Employee *obj2); // 代入を行うメンバ関数
};

// 代入を行うメンバ関数の実装
void Employee::set(Employee *obj1, Employee *obj2) {
  // ポインタでないメンバ変数の値は、そのまま代入する
  obj1->number = obj2->number;
  obj1->salary = obj2->salary;

  // ポインタが指すメモリ領域をコピーする
  strcpy(obj1->name, obj2->name);
}
```

　この場合には、クラスを使う人に「Employeeクラスのオブジェクトどうしを代入するときは、代入演算子ではなくメンバ関数set()を使ってください」と十分に注意しておかなければなりません。
　ところが、C++の言語仕様では、代入演算子を使ってオブジェクトの代入（メ

第10章 その他のテクニック

ンバ変数のコピー）ができるので、クラスを使う人がうっかり代入演算子を使ってしまう可能性もあります。コンパイルエラーにはならないからです。クラスを作る人にとって面倒な作業であっても、メンバ変数にポインタを持つクラスでは、代入演算子をオーバーロードするべきです。それが面倒だと言うなら、メンバ変数をポインタとすることをやめるという安易な手段もあります。

10-1-2 算術演算子のオーバーロード

以下のように2つのメンバ変数x、yを持つPointクラスがあるとしましょう。Pointクラスは、平面座標の点（x座標とy座標）を表すものだと考えてください。Pointクラスのオブジェクトを作成し、それらを+演算子で加算するとどうなるでしょう。

```
// クラスの定義
class Point {
public:
  int x;      // x座標
  int y;      // y座標
};

// クラスを使う側のコード
int main() {
  // オブジェクトを作成する
  Point a, b, c;
     ⋮
  // オブジェクトを加算する
  c = a + b;
     ⋮
  return 0;
}
```

コンパイルすると、以下に示すエラーメッセージが表示されます（ここではVisual Studio 2017のコマンドラインコンパイラを使っています）。このエラーメッセージは、Pointクラスでは+演算子が定義されていないということを意味します。すなわち、+演算子にはオブジェクトのメンバどうしを加算するような機能がデフォルトではないのです。そのままオブジェクトに使える演算子は、代入演算子（=）とポインタ関連の演算子（&と*）くらいのものです。

260

10-1　演算子のオーバーロード

　+演算子などの算術演算子や、次の項で説明する比較演算子などを使ってオブジェクトどうしの演算を行いたい場合には、クラスで演算子をオーバーロードしなければなりません。

コンパイル結果
オーバーロードしないと
+演算子を使えない

```
list10_2.cpp(23): error C2676: 二項演算子 '+': 'Point' は、この演算子または
定義済の演算子に適切な型への変換の定義を行いません。(新しい動作; ヘルプを参照)
list10_2.cpp(30): error C2676: 二項演算子 '-': 'Point' は、この演算子または
定義済の演算子に適切な型への変換の定義を行いません。(新しい動作; ヘルプを参照)
```

　Pointクラスで**+演算子**と**-演算子**をオーバーロードしましょう。Pointクラスの定義は、以下のようになります。

　+演算子をオーバーロードするメンバ関数のプロトタイプは、Point operator+(Point obj); です。+演算子では、演算結果として新たなオブジェクトを返すので、メンバ関数の戻り値のデータ型はPointクラスとなります。戻り値を新たなオブジェクトとするのは、演算される2つのオブジェクトに影響を与えないためです。

　メンバ関数の引数は、+演算子の後ろ側に指定されるオブジェクトなので、データ型はPointクラスとなります。代入演算子をオーバーロードするメンバ関数と異なり、戻り値、引数ともに参照を表す&が付かないことに注意してください。-演算子をオーバーロードするメンバ関数のプロトタイプは、Point operator-(Point obj); です。戻り値と引数の意味は、+演算子をオーバーロードするメンバ関数と同じです。

```
// クラスの定義
class Point {
public:
  int x;                // x座標
  int y;                // y座標
  Point operator+(Point obj);    // +演算子のオーバーロード
  Point operator-(Point obj);    // -演算子のオーバーロード
};
```

　Pointクラスは平面座標の点を表すものですから、+演算子と-演算子の機能としては、メンバ変数どうしを加算および減算した結果を返すのが適切です。operator+()とoperator-()の実装は、以下のようになります。this->が付けられたメンバ変数は、演算子の前側のオブジェクトのものです。obj.が付けられたメンバ変数は、演算子の後ろ側のオブジェクトのものです。メンバ関数のブロック

261

第10章　その他のテクニック

の中で、Pointクラスの新たなオブジェクトansを作成し、それを戻り値として
返します。

ここが Point

関数の戻り値として、オ
ブジェクトの実体を返す
こともできる

　このように**関数の戻り値として、オブジェクトのポインタではなく、オブジェ
クトの実体を返すこともできます**。ansは、メンバ関数を抜けたときに破棄され
てしまいますが、そのコピーが自動的に作成されて関数の呼び出し側に渡される
ようになっています。

```
// +演算子のオーバーロードの実装
Point Point::operator+(Point obj) {
    // 演算結果となるオブジェクトを作成する
    Point ans;

    // メンバどうしを加算する
    ans.x = this->x + obj.x;
    ans.y = this->y + obj.y;

    // 演算結果を返す
    return ans;
}

// -演算子のオーバーロードの実装
Point Point::operator-(Point obj) {
    // 演算結果となるオブジェクトを作成する
    Point ans;

    // メンバどうしを減算する
    ans.x = this->x - obj.x;
    ans.y = this->y - obj.y;

    // 演算結果を返す
    return ans;
}
```

　List 10-2は、これまでの説明をまとめたサンプルプログラムです。Pointクラ
スのオブジェクトを加算および減算した結果を、画面に表示します。

262

10-1 演算子のオーバーロード

List 10-2
+演算子と−演算子を
オーバーロードした
Pointクラス

```cpp
#include <iostream>
using namespace std;

// クラスの定義
class Point {
public:
  int x;              // x座標
  int y;              // y座標
  Point operator+(Point obj);     // +演算子のオーバーロード
  Point operator-(Point obj);     // −演算子のオーバーロード
};

// +演算子のオーバーロードの実装
Point Point::operator+(Point obj) {
  // 演算結果となるオブジェクトを作成する
  Point ans;

  // メンバどうしを加算する
  ans.x = this->x + obj.x;
  ans.y = this->y + obj.y;

  // 演算結果を返す
  return ans;
}

// −演算子のオーバーロードの実装
Point Point::operator-(Point obj) {
  // 演算結果となるオブジェクトを作成する
  Point ans;

  // メンバどうしを減算する
  ans.x = this->x - obj.x;
  ans.y = this->y - obj.y;

  // 演算結果を返す
  return ans;
}

// クラスを使う側のコード
int main() {
  // オブジェクトを作成する
  Point a, b, c;

  // メンバ変数を設定する
  a.x = 1;
```

10

263

第10章 その他のテクニック

```
    a.y = 2;
    b.x = 3;
    b.y = 4;

    // オブジェクトを加算する
    c = a + b;

    // 加算結果を表示する
    cout << "x座標:" << c.x << "¥n";
    cout << "y座標:" << c.y << "¥n";

    // オブジェクトを減算する
    c = a - b;

    // 減算結果を表示する
    cout << "x座標:" << c.x << "¥n";
    cout << "y座標:" << c.y << "¥n";

    return 0;
}
```

List 10-2の実行結果

```
x座標:4
y座標:6
x座標:-2
y座標:-2
```

10-1-3 比較演算子のオーバーロード

　今度は、同じPointクラスで**比較演算子**をオーバーロードしてみましょう。比較演算子は、2つのオブジェクトを比較した結果を、**true**または**false**で返します。ここでは、2つのオブジェクトが等しいときにtrueを返す**==演算子**と、演算子の前側に指定されたオブジェクトが後ろ側に指定されたオブジェクトより大きいときにtrueを返す**>演算子**をオーバーロードします。

　Pointクラスは平面座標の点を表すものですから、対応するメンバ変数の値が両方とも等しいときにオブジェクトが等しいと判断することにします。大きさの判断は、Fig 10-1に示すように、原点 (0, 0) と点を結んだ直線（ベクトル）の長さで考えます。

10-1 演算子のオーバーロード

Fig 10-1
ベクトルの長さで
大小を比較する

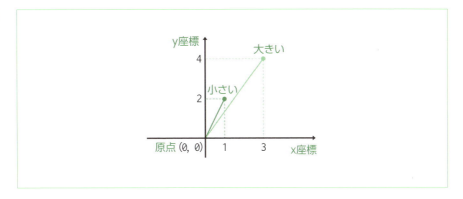

　==演算子と>演算子をオーバーロードしたPointクラスを定義して使うプログラムは、List 10-3のようになります。==演算子をオーバーロードするメンバ関数のプロトタイプは、bool operator==(Point obj);です。>演算子をオーバーロードするメンバ関数のプロトタイプは、bool operator>(Point obj);です。それぞれのメンバ関数を実装するブロックの中では、this->が演算子の前側のオブジェクトを表し、obj.が演算子の後ろ側のオブジェクトを表します。ベクトルの長さは、x座標とy座標の2乗を加算した値の平方根で求められます。

List 10-3
==演算子と>演算子を
オーバーロードした
Pointクラス

```
#include <iostream>
#include <cmath>
using namespace std;

// クラスの定義
class Point {
public:
  int x;              // x座標
  int y;              // y座標
  bool operator==(Point obj);    // ==演算子のオーバーロード
  bool operator>(Point obj);     // >演算子のオーバーロード
};

// ==演算子のオーバーロードの実装
bool Point::operator==(Point obj) {
  if ((this->x == obj.x) && (this->y == obj.y)) {
    // 対応するメンバが等しければtrueを返す
    return true;
  }
  else {
    // そうでなければfalseを返す
```

265

第10章　その他のテクニック

```cpp
      return false;
  }
}

// >演算子のオーバーロードの実装
bool Point::operator>(Point obj) {
  // ベクトルの長さを求める
  double v1, v2;
  v1 = sqrt(this->x * this->x + this->y * this->y);
  v2 = sqrt(obj.x * obj.x + obj.y * obj.y);
  if (v1 > v2) {
    // ベクトルの長さが大きければtrueを返す
    return true;
  }
  else {
    // そうでなければfalseを返す
    return false;
  }
}

// クラスを使う側のコード
int main() {
  // オブジェクトを作成する
  Point a, b;

  // メンバ変数を設定する
  a.x = 1;
  a.y = 2;
  b.x = 3;
  b.y = 4;

  // 等しいかどうか判断する
  if (a == b) {
    cout << "aとbは等しい！¥n";
  }
  else {
    cout << "aとbは等しくない！¥n";
  }
  // 大きいかどうか判断する
  if (a > b) {
    cout << "aはbより大きい！¥n";
  }
  else {
    cout << "aはbより大きくない！¥n";
  }
```

266

10-1 演算子のオーバーロード

```
    return 0;
}
```

List 10-3の実行結果

```
aとbは等しくない！
aはbより大きくない！
```

10-1-4 フレンド関数を使って演算子をオーバーロードする

⚠ ここが Point

フレンド関数でも演算子のオーバーロードを実現できる

代入演算子を除く演算子のオーバーロードは、**メンバ関数**ではなく**フレンド関数**として定義することもできます。たとえば、Pointクラスで+演算子のオーバーロードをフレンド関数とする場合は、以下のようになります。

```
// クラスの定義
class Point {
public:
  int x;      // x座標
  int y;      // y座標

  // +演算子のオーバーロード（フレンド関数）
  friend Point operator+(Point obj1, Point obj2);
};

// +演算子のオーバーロード（フレンド関数）の実体
Point operator+(Point obj1, Point obj2) {
  // 演算結果となるオブジェクトを作成する
  Point ans;

  // メンバどうしを加算する
  ans.x = obj1.x + obj2.x;
  ans.y = obj1.y + obj2.y;

  // 演算結果を返す
  return ans;
}
```

演算子のオーバーロードをフレンド関数で定義する場合には、関数の引数が2つになります。1つ目の引数が演算子の前側を表し、2つ目の引数が演算子の後ろ側を表します。

267

第**10**章　その他のテクニック

> **🔵 ここが Point**
>
> フレンド関数で演算子を
> オーバーロードすると、
> 演算子の前側を任意の
> データ型にできる

　このことから、演算子のオーバーロードをメンバ関数で実現した場合にはできなかったことが、フレンド関数で可能となります。それは、**演算子の前側を任意のデータ型にできるということ**です。演算子のオーバーロードをメンバ関数で実現した場合には、演算子の前側はthisポインタで表されるため、同じクラスのオブジェクトに制限されます（ただし後ろ側は任意のデータ型にできます）。

　引数を2つ持つフレンド関数を使えば、演算子の前側のデータも後ろ側のデータも任意のデータ型にできます。これによって、int型のデータとPointクラスのオブジェクトを加算するといったことが可能になります。そうする必要がある状況には滅多に遭遇しないでしょうが、これこそフレンド関数の最も便利な利用方法なのです。

　List 10-4は、Pointクラスで**+演算子**を3通りにオーバーロードしたものです。メンバ関数として定義した2つのoperator+()は、それぞれ、+演算子の前側と後ろ側をPointクラスのオブジェクトとしたもの、および前側をPointクラスのオブジェクトで後ろ側をint型としたものです。フレンド関数として定義したoperator+()は、+演算子の前側をint型で後ろ側をPointクラスのオブジェクトとしたものです。Pointクラスのオブジェクトとint型のデータで+演算子が使われた場合は、メンバ変数xとyの両方に同じ値を加算するようにしています。

> **List 10-4**
> フレンド関数を使った
> 演算子のオーバーロード

```cpp
#include <iostream>
using namespace std;

// クラスの定義
class Point {
public:
  int x;      // x座標
  int y;      // y座標

  // Point+Point（メンバ関数）
  Point operator+(Point obj);

  // Point+int（メンバ関数）
  Point operator+(int a);

  // int+Point（フレンド関数）
  friend Point operator+(int a, Point obj);
};

// Point+Point（メンバ関数）の実装
Point Point::operator+(Point obj) {
  // 演算結果となるオブジェクトを作成する
  Point ans;
```

268

10-1 演算子のオーバーロード

```cpp
  // メンバどうしを加算する
  ans.x = this->x + obj.x;
  ans.y = this->y + obj.y;

  // 演算結果を返す
  return ans;
}

// Point+int（メンバ関数）の実装
Point Point::operator+(int a) {
  // 演算結果となるオブジェクトを作成する
  Point ans;

  // xとyに加算する
  ans.x = this->x + a;
  ans.y = this->y + a;

  // 演算結果を返す
  return ans;
}

// int+Point（フレンド関数）の実体
Point operator+(int a, Point obj2) {
  // 演算結果となるオブジェクトを作成する
  Point ans;

  // xとyに加算する
  ans.x = a + obj2.x;
  ans.y = a + obj2.y;

  // 演算結果を返す
  return ans;
}

// クラスを使う側のコード
int main() {
  // オブジェクトを作成する
  Point a, b, c;

  // メンバ変数を設定する
  a.x = 1;
  a.y = 2;
  b.x = 3;
  b.y = 4;
```

269

第10章　その他のテクニック

```
    // PointとPointを加算する
    c = a + b;

    // 加算結果を表示する
    cout << "Point+Point¥n";
    cout << "x座標:" << c.x << "¥n";
    cout << "y座標:" << c.y << "¥n";

    // Pointとintを加算する
    c = a + 10;

    // 加算結果を表示する
    cout << "Point+int¥n";
    cout << "x座標:" << c.x << "¥n";
    cout << "y座標:" << c.y << "¥n";

    // intとPointを加算する
    c = 20 + a;

    // 加算結果を表示する
    cout << "int+Point¥n";
    cout << "x座標:" << c.x << "¥n";
    cout << "y座標:" << c.y << "¥n";

    return 0;
}
```

List 10-4の実行結果

```
Point+Point
x座標:4
y座標:6
Point+int
x座標:11
y座標:12
int+Point
x座標:21
y座標:22
```

　演算子のオーバーロードは、オブジェクト指向プログラミングの目的であるプログラミングの効率化を実現するものです。演算子のオーバーロードを使わなくてもプログラムを作成することはできるでしょう。ただし、それでは個々のメンバ変数どうしを算術演算したり比較したりする長たらしいコードを何度も記述することになってしまいます。クラスを使う人に楽をさせたいと思うなら、演算子をオーバーロードするべきです。

10-2 オブジェクト指向プログラミングの2つの技

10-2 オブジェクト指向プログラミングの2つの技

▶ テンプレートクラスの役割と定義方法
▶ ダブルディスパッチの意味と活用例

10-2-1 テンプレートクラス

❶ ここが Point
テンプレートクラスは、メンバ関数のアルゴリズムだけを実装するものである

テンプレートクラスとは、クラスを作る人がメンバ関数のアルゴリズムだけを実装し、クラスを使う人がメンバ変数やメンバ関数の引数のデータ型を決めるという特殊なクラスです。プログラミングは、常にデータ型に縛られています。人間の感覚では数値は数値なのですが、プログラミングではデータ型を考え、int型やdouble型の数値として取り扱わなければなりません。

たとえば、この章の前半で作成したPointクラスは、平面座標の点の座標をint型（整数）の2つのメンバ変数として取り扱うようになっていました。もしも、小数点数で座標を取り扱いたいなら、double型のメンバ変数を持つ別のクラスを、DPointクラスのような名前で作らなければなりません。PointクラスとDPointクラスが持つメンバ変数とメンバ関数の種類や機能は、同じものになります。以下のようにアルゴリズムが同じで、取り扱うデータ型だけが異なるクラスを2つ作成しなければならないのでは効率的とは言えません。この問題を解決するのが、テンプレートクラスなのです。テンプレートクラスは、データ型に関係なく利用できることから汎用クラスとも呼ばれます。

```
// 座標をint型で取り扱うクラスの定義
class Point {
public:
  int x;                      // x座標
  int y;                      // y座標
  void showData();            // メンバ変数の値を表示する
  Point();                    // 引数のないコンストラクタ
  Point(int x, int y);        // 引数を持つコンストラクタ
```

271

第10章　その他のテクニック

```
};

// 座標をdouble型で取り扱うクラスの定義
class DPoint {
public:
  double x;                      // x座標
  double y;                      // y座標
  void showData();               // メンバ変数の値を表示する
  DPoint();                      // 引数のないコンストラクタ
  DPoint(double x, double y);    // 引数を持つコンストラクタ
};
```

　平面座標の点を取り扱うテンプレートクラスをTPointという名前で定義すると、以下のようになります。

　templateは、テンプレートクラスを表すキーワードです。<class datatype>は、テンプレートクラスの中で使われるデータ型を表します。datatypeは仮のデータ型の名前であり、テンプレートクラスのオブジェクトを作って使うときに実際のデータ型に置き換えられます。仮のデータ型の名前（ここではdatatype）は、任意でかまいません。

```
// 平面座標の点を取り扱うテンプレートクラスの定義
template <class datatype> class TPoint {
public:
  datatype x;                        // x座標
  datatype y;                        // y座標
  void showData();                   // メンバ変数の値を表示する
  TPoint();                          // 引数のないコンストラクタ
  TPoint(datatype x, datatype y);    // 引数を持つコンストラクタ
};
```

　テンプレートクラスのメンバ関数showData()を実装するコードは、以下のようになります。

　先頭にtemplate <class datatype>と記述し、メンバ関数の戻り値（ここではvoid）に続けて、クラス名<仮のデータ型名>::（ここではTPoint<datatype>::）と指定します。コンストラクタを実装する構文も同様です。

```
// テンプレートクラスのメンバ関数の実装
template <class datatype> void TPoint<datatype>::showData() {
  cout << "x座標：" << x << "¥n";
```

272

10-2 オブジェクト指向プログラミングの2つの技

```
    cout << "y座標：" << y << "¥n";
}
```

ここがPoint

テンプレートクラスを使う側が、データ型を指定してオブジェクトを作成する

テンプレートクラスのオブジェクトを使う側は、「クラス名<実際のデータ型> オブジェクト名;」という構文で、特定のデータ型用のオブジェクトを作成します。int型用およびdouble型用のTPointクラスのオブジェクトを作成する場合は、以下のようになります。オブジェクトを作成後は、「オブジェクト名.メンバ名」という通常の構文でメンバを利用できます。

```
// int型用のTPointクラスのオブジェクトを作成する
TPoint<int> obj1;

// double型用のTPointクラスのオブジェクトを作成する
TPoint<double> obj2;
```

List 10-5は、これまでの説明をまとめたプログラムです。main()の中では、まずint型用のTPointクラスのオブジェクトを作成し、引数のないコンストラクタを呼び出します。メンバ変数に値を設定してから、メンバ関数showData()でメンバ変数の値を画面に表示します。次に、double型用のTPointクラスのオブジェクトを作成し、引数を持つコンストラクタを呼び出してメンバ変数に値を設定します。最後に、メンバ関数showData()でメンバ変数の値を画面に表示します。

List 10-5
テンプレートクラスの作り方と使い方

```cpp
#include <iostream>
using namespace std;

// 平面座標の点を取り扱うテンプレートクラスの定義
template <class datatype> class TPoint {
public:
    datatype x;                     // x座標
    datatype y;                     // y座標
    void showData();                // メンバ変数の値を表示する
    TPoint();                       // 引数のないコンストラクタ
    TPoint(datatype x, datatype y); // 引数を持つコンストラクタ
};

// テンプレートクラスのメンバ関数の実装
template <class datatype> void TPoint<datatype>::showData() {
```

273

第**10**章　その他のテクニック

```cpp
    cout << "x座標：" << x << "¥n";
    cout << "y座標：" << y << "¥n";
}

// テンプレートクラスの引数のないコンストラクタの実装
template <class datatype> TPoint<datatype>::TPoint() {
  x = 0;
  y = 0;
}

// テンプレートクラスの引数を持つコンストラクタの実装
template <class datatype> TPoint<datatype>::TPoint(datatype x, datatype y) {
  this->x = x;
  this->y = y;
}

// クラスを使う側のコード
int main() {
  // int型用のTPointクラスのオブジェクトを作成する
  TPoint<int> obj1;

  // メンバ変数に値を設定する
  obj1.x = 123;
  obj1.y = 456;

  // メンバ関数を呼び出す
  obj1.showData();

  // double型用のTPointクラスのオブジェクトを作成する
  TPoint<double> obj2(1.23, 3.45);

  // メンバ関数を呼び出す
  obj2.showData();

  return 0;
}
```

List 10-5の実行結果

```
x座標：123
y座標：456
x座標：1.23
y座標：3.45
```

274

10-2 オブジェクト指向プログラミングの2つの技

　同じ機能でデータ型だけが異なるメンバ変数とメンバ関数を持つクラスを複数作成する状況に遭遇したときは、テンプレートクラスのことを思い出してください。そのような状況では、テンプレートクラスを使うことで、プログラミングを大いに効率化できます。クラスを使う人は、テンプレートクラスのオブジェクトを、TPoint<int> obj1;のような構文で作成するということだけを知っていれば十分です。

10-2-2 ダブルディスパッチ

　オブジェクト指向プログラミングならではの**ダブルディスパッチ**と呼ばれるテクニックを使って、「じゃんけんゲーム」を作成してみましょう。第2章で、オブジェクト指向プログラミングでは変数や関数に所有者があることを示すために簡単なじゃんけんゲームを作成しました。ここで作成するじゃんけんゲームは、メンバ関数の**オーバーライドによる多態性**と、オブジェクト間の**メッセージパッシング**を利用したものです。

　ダブルディスパッチをご存じでない人なら、じゃんけんゲームを実現するためには、勝ち負けを判定するメンバ関数の中で、以下のように長たらしいif文を記述することになると考えるでしょう。以下のコードは、第2章で紹介したものです。

```
// ジャッジが勝敗を判定するメンバ関数
void Judge::doJudge(User u, Computer c) {
  int user, computer;

  user = u.getHand();
  computer = c.getHand();
  if (user == computer) {
    judge = DRAW;
  }
  else if (user == GU && computer == CHOKI ||
           user == CHOKI && computer == PA ||
           user == PA && computer == GU) {
    judge = WIN;
  }
  else {
    judge = LOSE;
  }
}
```

275

第10章 その他のテクニック

ここがPoint
ここでは、ダブルディスパッチによってメッセージを2回送ることで、長たらしいif文を不要にしている

　ダブルディスパッチというテクニックを使えば、長たらしいif文が不要になります。ダブルディスパッチとは、2回（double）メッセージを送る（dispatch＝送る）という意味です。

　現実世界で田中君と佐藤君の2人が、じゃんけんをした様子を想像してみてください。田中君が佐藤君に「私はグーを出しました」というメッセージを送り、佐藤君が田中君に「ボクはチョキを出しました」というメッセージを送ることで双方の勝敗が決定します。すなわち、メッセージを2回送るのです。これをプログラムで表したものが、ダブルディスパッチです。相互にメッセージを送るだけなので、長たらしいif文は不要になることが、なんとなく予測できるでしょう（Fig 10-2）。

Fig 10-2
ダブルディスパッチのイメージ

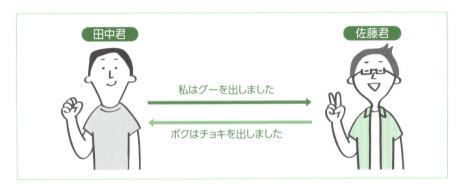

　List 10-6は、ダブルディスパッチを使ったじゃんけんゲームです。ダブルディスパッチの仕組みを理解してもらうために、プログラムの内容を極力シンプルにしています。コンピュータとユーザーがじゃんけんを行うのではなく、あらかじめ2つの手（グー、チョキ、パーのいずれか）を決めてしまい、それらの対戦結果を判定して画面に表示しています。

List 10-6
ダブルディスパッチを使ったじゃんけんゲーム

```
#include <iostream>
#include <cstdlib>
#include <ctime>
using namespace std;

// 基本クラスの定義
class Hand {
public:
    virtual void judge(Hand *h) = 0;    // 相手に問い合わせる
    virtual void vsGu() = 0;            // グーに勝てるかどうかを返す
```

276

10-2　オブジェクト指向プログラミングの2つの技

```cpp
  virtual void vsChoki() = 0;        // チョキに勝てるかどうかを返す
  virtual void vsPa() = 0;           // パーに勝てるかどうかを返す
};

// Gu クラスの定義
class Gu : public Hand {
public:
  void judge(Hand *h);
  void vsGu();
  void vsChoki();
  void vsPa();
};

// Gu クラスのメンバ関数の実装
void Gu::judge(Hand *h) {
  h->vsGu();
}

void Gu::vsGu() {
  cout << "あいこです！¥n";
}

void Gu::vsChoki() {
  cout << "グーの勝ちです！¥n";
}

void Gu::vsPa() {
  cout << "グーの負けです！¥n";
}

// Choki クラスの定義
class Choki : public Hand {
public:
  void judge(Hand *h);
  void vsGu();
  void vsChoki();
  void vsPa();
};

// Choki クラスのメンバ関数の実装
void Choki::judge(Hand *h) {
  h->vsChoki();
}

void Choki::vsGu() {
  cout << "チョキの負けです！¥n";
```

第10章　その他のテクニック

```cpp
}

void Choki::vsChoki() {
  cout << "あいこです！¥n";
}

void Choki::vsPa() {
  cout << "チョキの勝ちです！¥n";
}

// Paクラスの定義
class Pa : public Hand {
public:
  void judge(Hand *h);
  void vsGu();
  void vsChoki();
  void vsPa();
};

// Paクラスのメンバ関数の実装
void Pa::judge(Hand *h) {
  h->vsPa();
}

void Pa::vsGu() {
  cout << "パーの勝ちです！¥n";
}

void Pa::vsChoki() {
  cout << "パーの負けです！¥n";
}

void Pa::vsPa() {
  cout << "あいこです！¥n";
}

// クラスを使う側のコード
int main() {
  // オブジェクトを作成する
  Gu g;
  Choki c;
  Pa p;

  // グーとチョキを対戦させる
  cout << "グー vs. チョキ…";
  c.judge(&g);
```

278

10-2 オブジェクト指向プログラミングの2つの技

```
  // グーとパーを対戦させる
  cout << "グー vs. パー…";
  p.judge(&g);

  // グーとグーを対戦させる
  cout << "グー vs. グー…";
  g.judge(&g);

  return 0;
}
```

List 10-6の実行結果

```
グー vs. チョキ…グーの勝ちです！
グー vs. パー…グーの負けです！
グー vs. グー…あいこです！
```

　プログラムの中では、1つの基本クラスHandと3つの派生クラスGu、Choki、Paが定義されています。Handには4つの**純粋仮想関数**があり、3つの派生クラスで処理内容を実装しています。これによって、メンバ関数の**オーバーライドによる多態性**を実現しています。judge()は、勝敗の判定を行う関数です。judge()から呼び出される関数vsGu()、vsChoki()、vsPa()は、グーに勝てるかどうか、チョキに勝てるかどうか、パーに勝てるかどうかを最終的に判定し、その結果を画面に表示します。

　メンバ関数judge()に注目してください。引数のデータ型は、基本クラスHandのポインタになっています。この引数には、3つの派生クラスのいずれかのオブジェクトのポインタが与えられます。このポインタは、じゃんけんの対戦相手を表します。たとえば、Guクラスのjudge()の引数にPaクラスのオブジェクトのポインタが与えられたなら、グーとパーが対戦したことになります。

　judge()の実装は、クラスによって異なります。たとえば、Guクラスのjudge()では、h->vsGu(); のようにして、引数で知られた対戦相手に「グーに勝てるかどうか」を問い合わせます。この部分がダブルディスパッチです。**メッセージ**は、judge()を呼び出すことで1回目となり、judge()の中で他のオブジェクトのvsGu()を呼び出すことで2回目（ダブル）となります。

　main()の中でGuクラスのオブジェクトを使ってjudge()を呼び出すときには、引数にグーの対戦相手となるオブジェクトを指定します。もしも引数にPaクラスのオブジェクトを与えたなら、main()からGuクラスのオブジェクトに、「あなたはパーに勝てるかどうか」を問い合わせるメッセージを送っていることにな

ります。Guクラスのオブジェクトのjudge()では、PaクラスのオブジェクトのvsGu()を呼び出して、「あなたはグーに勝てるかどうか」を問い合わせるメッセージを送っていることになります。これは、Fig 10-3に示すようなイメージになります。他の対戦パターンの場合も同様です。

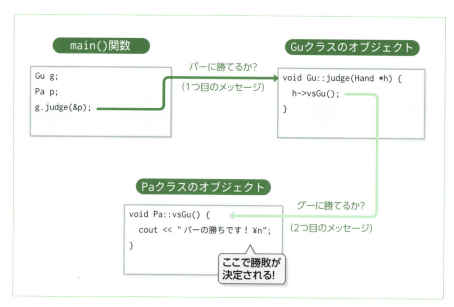

Fig 10-3
グーとパーが対戦する場合のメッセージパッシング

　ダブルディスパッチのことを「面白い！」と感じていただけたなら、皆さんには、オブジェクト指向プログラマとしての素質が大いにあります。ダブルディスパッチの他にもオブジェクト指向らしいテクニックがいくつかあるので、ぜひご自身で調べてみてください。

　もしも「メッセージパッシングというとらえ方には、どうしてもなじめない」と思われたとしても、オブジェクト指向プログラマになることを断念する必要はありません。何度も繰り返しますが、オブジェクト指向プログラミングで最低限必要とされることは、クラスを作って使うことだけです。クラスをプログラムの部品だと割り切れば気楽でしょう。それによって、オブジェクト指向プログラミングの目的であるプログラミングの効率化が実現できるのなら、立派なオブジェクト指向プログラマです。

10-3 三目並べゲームを作る

- 本書の総合課題として三目並べゲームを作成する
- 本書の主要なテーマである継承を活用する

10-3-1 三目並べゲームの仕様

三目並べゲームは、3×3の盤面の枠の中に、2人で交互に○と×を書き込み、先に「縦」、「横」、「斜め」のいずれかに3つ並べたほうが勝ちとなるゲームです。たとえば、Fig 10-4では、○が縦に3つ並んでいるので、○の勝ちです。

Fig 10-4 三目並べゲームの例

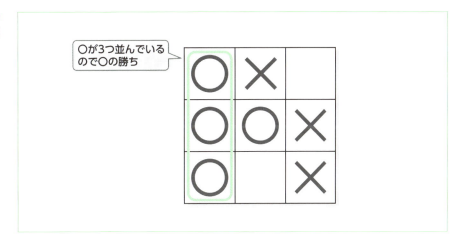

> **ここがPoint**
> ゲームを楽しいものにするために仕様は自由に追加してOK

次のページに、三目並べゲームの仕様を示します。**ゲームをより楽しいものにする仕様を思いついたら、どんどん自由に追加してください。**たとえば、現状の仕様では、コンピュータがランダムに手を決めることになっていますが、より勝ちやすい戦法に変えたり、現状ではコンピュータが先手になっていますが、じゃんけんで決めるようにしたりするとよいでしょう。

第10章　その他のテクニック

【三目並べゲームの仕様】

- コンピュータが先手とする。
- ユーザーが〇を書き込み、コンピュータが×を書き込む。
- 盤面の3×3の枠は、1〜9で表す。
- ユーザーは、キーボードから1〜9を入力して枠を指定する。
- コンピュータは、乱数で1〜9を選んで枠を指定する。
- すでに書き込まれている枠が指定された場合は、再入力とする。
- 〇または×が、縦、横、斜めのいずれかで3つ並んだら、「〇の勝ちです！」または「×の勝ちです！」と画面に表示して、プログラムを終了する。
- すべての枠が書き込まれても勝敗が決まっていない場合は、「引き分けです！」と画面に表示して、プログラムを終了する。

　参考として、三目並べゲームの実行結果の例を以下に示します。現在の盤面を表示して、それを見て次の手を指定するようになっています。枠は、＋と－とを使って描いています。〇と×は、アルファベット小文字のo（オー）とx（エックス）で代用しています。〇と×が書き込まれていない枠には、1〜9の数字を表示しています。ユーザーは、この数字を見て、次に書き込む枠を選びます。

三目並べゲームの実行結果の例

```
+-+-+-+
|1|2|3|
+-+-+-+
|4|5|6|
+-+-+-+
|7|8|9|
+-+-+-+
xの手を選んでください ＝ 4

+-+-+-+
|1|2|3|
+-+-+-+
|x|5|6|
+-+-+-+
|7|8|9|
+-+-+-+
oの手を選んでください ＝
```

　それでは、プログラムの作成を始めてください！

282

10-3 三目並べゲームを作る

10-3-2 三目並べゲームのプログラム

List 10-7に、三目並べゲームのプログラムの例を示します。プレイヤーを表すPlayerクラス、ユーザーを表すUserクラス、コンピュータを表すComputerクラス、盤面を表すBoardクラス、およびプログラムの実行開始位置となるmain()関数から構成されています。UserクラスとComputerクラスは、Playerクラスを**継承**しています。

List 10-7
三目並べゲームの
プログラムの例

```cpp
#include <iostream>
#include <cstdlib>
#include <ctime>
using namespace std;

// プレイヤーを表すクラスの定義 (基本クラス)
class Player {
protected:
  char mark;          // 枠に書き込む記号
  int number;         // 選んだ手 (1〜9)
public:
  virtual void select() = 0;   // 手を選ぶ (純粋仮想関数)
  char getMark();              // 記号を返す
  int getNumber();             // 手を返す
  Player(char mark);           // コンストラクタ
};

// ユーザーを表すクラスの定義 (派生クラス)
class User : public Player {
public:
  void select();          // 手を選ぶ
  User(char mark);        // コンストラクタ
};

// コンピュータを表すクラスの定義 (派生クラス)
class Computer : public Player {
public:
  void select();          // 手を選ぶ
  Computer(char mark);    // コンストラクタ
};
```

283

第10章 その他のテクニック

```cpp
// 盤面を表すクラスの定義
class Board {
private:
  char cell[3][3];                // 3×3の枠
public:
  void show();                    // 盤面を表示する
  bool setCell(Player *player);   // 枠に記号を書き込む
  bool judge(Player *player);     // 勝敗を判定する
  Board();                        // コンストラクタ
};

// プレイヤーを表すクラスの実装 (記号を返す)
char Player::getMark() {
  return mark;
}

// プレイヤーを表すクラスの実装 (手を返す)
int Player::getNumber() {
  return number;
}

// プレイヤーを表すクラスの実装 (コンストラクタ)
Player::Player(char mark) {
  this->mark = mark;
}

// ユーザーを表すクラスの実装 (手を選ぶ)
void User::select() {
  int n;

  do {
    cout << mark << "の手を選んでください = ";
    cin >> n;
  } while (n < 1 || n > 9);
  number = n;
}

// ユーザーを表すクラスの実装 (コンストラクタ)
User::User(char mark) : Player(mark) {
}

// コンピュータを表すクラスの実装 (手を選ぶ)
void Computer::select() {
  number = rand() % 9 + 1;
  cout << mark << "の手を選んでください = " << number << "¥n";
}
```

284

10-3 三目並べゲームを作る

```cpp
// コンピュータを表すクラスの実装 (コンストラクタ)
Computer::Computer(char mark) : Player(mark) {
}

// 盤面を表すクラスの実装 (盤面を表示する)
void Board::show() {
  cout << "¥n";
  for (int v = 0; v < 3; v++) {
    cout << "+-+-+-+¥n";
    for (int h = 0; h < 3; h++) {
      cout << "|" << cell[v][h];
    }
    cout << "|¥n";
  }
  cout << "+-+-+-+¥n";
}

// 盤面を表すクラスの実装 (枠に記号を書き込む)
bool Board::setCell(Player *player) {
  int number = player->getNumber();
  int v = (number - 1) / 3;
  int h = (number - 1) % 3;

  if (cell[v][h] >= '1' && cell[v][h] <= '9') {
    // 書き込めたらtrueを返す
    cell[v][h] = player->getMark();
    return true;
  }
  else {
    // 書き込めないならfalseを返す
    cout << "そこには書き込めません！¥n";
    return false;
  }
}

// 盤面を表すクラスの実装 (勝敗を判定する)
bool Board::judge(Player *player) {
  // プレイヤーが勝ちならtrueを返す
  char mark = player->getMark();
  if (cell[0][0] == mark && cell[0][1] == mark && cell[0][2] == mark ||
      cell[1][0] == mark && cell[1][1] == mark && cell[1][2] == mark ||
      cell[2][0] == mark && cell[2][1] == mark && cell[2][2] == mark ||
      cell[0][0] == mark && cell[1][0] == mark && cell[2][0] == mark ||
      cell[0][1] == mark && cell[1][1] == mark && cell[2][1] == mark ||
      cell[0][2] == mark && cell[1][2] == mark && cell[2][2] == mark ||
```

10

285

第10章 その他のテクニック

```cpp
      cell[0][0] == mark && cell[1][1] == mark && cell[2][2] == mark ||
      cell[2][0] == mark && cell[1][1] == mark && cell[0][2] == mark) {
    cout << "¥nゲーム終了：" << mark << "の勝ちです！¥n";
    return true;
  }

  // 引き分けならtrueを返す
  bool draw = true;
  for (int v = 0; v < 3 && draw; v++) {
    for (int h = 0; h < 3 && draw; h++) {
      if (cell[v][h] >= '1' && cell[v][h] <= '9') {
        draw = false;
      }
    }
  }
  if (draw) {
    cout << "¥nゲーム終了：" << "引き分けです！¥n";
    return true;
  }

  // 勝敗が確定していなければfalseを返す
  return false;
}

// 盤面を表すクラスの実装（コンストラクタ）
Board::Board() {
  for (int v = 0; v < 3; v++) {
    for (int h = 0; h < 3; h++) {
      cell[v][h] = (v * 3 + h + 1) + '0';
    }
  }
}

// メイン関数
int main() {
  Player *player[2];           // 2人のプレイヤー（基本クラスの配列）
  User user('o');              // ユーザー（記号はo）
  Computer computer('x');      // コンピュータ（記号はx）
  player[0] = &computer;       // 先手のプレイヤー（コンピュータ）
  player[1] = &user;           // 後手のプレイヤー（ユーザー）
  Board board;                 // 盤面
  int turn = 0;                // 順番（0と1で交互に切り替える）

  // 乱数を初期化する
  srand(time(NULL));
```

286

10-3 三目並べゲームを作る

```
  // 勝敗が決まるまで繰り返す
  while (true) {
    // 盤面を表示する
    board.show();

    // プレイヤーが手を選ぶ
    do {
      player[turn]->select();
    } while (board.setCell(player[turn]) == false);

    // 勝敗を判定する
    if (board.judge(player[turn])) {
      // 勝敗が確定したらゲームを終了する
      break;
    }

    // プレイヤーを交互に切り替える
    if (turn == 0) {
      turn = 1;
    }
    else {
      turn = 0;
    }
  }

  // 盤面を表示する
  board.show();

  return 0;
}
```

🛈 ここが Point

Userクラスと Computer
クラスを Player クラスに
汎化したことで、main
関数のwhile文を効率的
に記述できている

🛈 ここが Point

Playerクラスの純粋仮想
関数select()を、Userク
ラスとComputerクラス
がそれぞれに合わせて実
装している

プログラムのポイントとなる部分を説明しましょう。

　UserクラスとComputerクラスの共通点を**汎化**して、Playerという基本クラスを定義しました。これによって、main()関数のwhile文の処理を効率的に記述できています。もしも、Playerクラスがなかったら「盤面を表示する」→「コンピュータが手を選ぶ」→「勝敗を判定する」→「盤面を表示する」→「ユーザーが手を選ぶ」→「勝敗を判定する」という長い処理になります。ここでは、Playerという基本クラスがあるので、コンピュータとユーザーをプレイヤーとしてまとめて扱い、「盤面を表示する」→「プレイヤーが手を選ぶ」→「勝敗を判定する」という短い処理にできます。

　Playerクラスのselect()関数は、**純粋仮想関数**です。これは、Playerクラスでは、どのような処理で手を選べばよいか決められないからです。Playerクラスを

第10章 その他のテクニック

継承したUserクラスでは、キーボード入力で手を選ぶという処理で、select()関数を実装しています。Playerクラスを継承したComputerクラスでは、乱数で手を選ぶという処理で、select()関数を実装しています。

Playerクラスのメンバ変数のmarkとnumberには、private:ではなくprotected:が指定されています。これは、Playerクラスの派生クラスであるUserクラスとComputerクラスのselect()関数で、markとnumberを使っているからです。protected:を指定すると、派生クラスから使うことができます。

プログラムが完成したら何度かプレイしてみてください。そして、より楽しくなるようにどんどん改良を加えてください。

❗ ここが Point

派生クラスから利用するメンバ変数には、protected:を指定する

三目並べゲームで勝敗が確定した例

```
+-+-+-+
|o|o|3|
+-+-+-+
|x|o|x|
+-+-+-+
|7|8|x|
+-+-+-+
xの手を選んでください = 4
そこには書き込めません！
xの手を選んでください = 8

+-+-+-+
|o|o|3|
+-+-+-+
|x|o|x|
+-+-+-+
|7|x|x|
+-+-+-+
oの手を選んでください = 3

ゲーム終了：oの勝ちです！

+-+-+-+
|o|o|o|
+-+-+-+
|x|o|x|
+-+-+-+
|7|x|x|
+-+-+-+
```

確認問題

Q1 以下の説明に該当する言葉または表記を選択肢から選んでください。

(1) 演算子のオーバーロードを表す

(2) 参照を表す

(3) 比較演算子をオーバーロードしたメンバ関数の戻り値

(4) 利用時にデータ型を指定できる仕組み

(5) 関数を呼び出すと別の関数が呼び出される仕組み

選択肢

ア コピーコンストラクタ	イ *	ウ テンプレートクラス	エ int型
オ operator	カ &	キ ダブルディスパッチ	ク bool型

Q2 以下のプログラムの空欄に適切な語句や演算子を記入してください。

```
// Employeeクラスの代入演算子のオーバーロードの実装
[     (1)     ] &Employee::operator=(Employee &obj) {
  // ポインタでないメンバ変数の値は、そのまま代入する
  [     (2)     ] number = obj.number;
  [     (2)     ] salary = obj.salary;

  // ポインタが指すメモリ領域をコピーする
  strcpy([     (2)     ] name, obj.name);

  // 代入されたオブジェクト自体を返す
  return [     (3)     ];
}
```

解答は **301ページ** にあります。

289

COLUMN

C++の標準ライブラリのヘッダーファイルに拡張子がない理由

　C言語に標準ライブラリがあるように、C++にも標準ライブラリがあります。C++の標準ライブラリは、C言語と同様に、それを利用する際にインクルードするヘッダーファイルごとに分類されています。

　ただし、C++の標準ライブラリのヘッダーファイルには、拡張子の.hがありません。これは、2000年代に入ってからC++の仕様が改訂された際に、古いコードと新しいコードの両方に対応できるようにしたためです。古いコードでは、従来どおりの拡張子ありのヘッダーファイルをインクルードし、新しいコードでは、新しい拡張子なしのヘッダーファイルをインクルードします。

C++の主な標準ライブラリ

分類	ヘッダーファイル
コンテナ	`<algorithm>` `<deque>` `<list>` `<map>` `<queue>` `<set>` `<stack>` `<vector>`
ストリーム	`<fstream>` `<iomanip>` `<ios>` `<iosfwd>` `<iostream>` `<istream>` `<ostream>` `<sstream>` `<streambuf>`
数値処理	`<complex>` `<functional>` `<limits>` `<numeric>` `<valarray>`
メモリ管理	`<memory>` `<new>`
例外処理	`<exception>` `<stdexcept>`
その他	`<bitset>` `<iterator>` `<locale>` `<string>` `<typeinfo>` `<utility>`

　C++からC言語の標準ライブラリを利用することもできます。その場合には、C言語のヘッダーファイル名の先頭にcを付加し、末尾の.hを取り除いたヘッダーファイルをインクルードします。たとえば、C言語のstdio.hは、C++ではcstdioというヘッダーファイルにします。

```
// C++からC言語の標準ライブラリを使う
#include <cstdio>

int main() {
  printf("hello, world¥n");
  return 0;
}
```

付 録

コンパイラの入手方法、
インストール方法、
コンパイル方法

本書に掲載しているサンプルプログラムの動作確認
を行った2種類のコンパイラの入手方法、インス
トール方法、コンパイル方法を説明します。Visual
Studio Community 2017は、マイクロソフトの統
合開発環境であり、その一部としてC++の開発ツー
ルが提供されています。MinGW（Minimalist GNU
for Windows）は、Unix系のOSでよく利用されて
いるC++の開発ツールをWindowsに移植したもの
です。どちらも無償で入手できますので、お好きな
ほうをご利用ください。

付録　コンパイラの入手方法、インストール方法、コンパイル方法

A-1　Visual Studio Community 2017の入手方法とインストール方法

　Webブラウザで、https://www.visualstudio.com/ja/downloads/ にアクセスして、「Visual Studioのダウンロード」のページを表示します。一番左にあるVisual Studio Communityの「無償ダウンロード」をクリックします（Fig A-1）。

Fig A-1
Visual Studio Communityの「無償ダウンロード」をクリックする

　vs_community__2131728094.1500347003.exeファイルのダウンロードが行われます（ファイル名に付いている番号はダウンロードするタイミングによって異なります）。ダウンロードが終わったら、そのファイルを実行します。「このアプリがデバイスに変更を加えることを許可しますか？」という警告が表示されたら、「はい」ボタンをクリックします。「続行するには、ライセンス条項に同意します」というメッセージが表示されたら、「続行」ボタンをクリックします。
　左上に「ワークロード」と示されたウインドウが表示されたら、「C++によるデスクトップ開発」にチェックマークを付け、右下にある「インストール」ボタンをクリックします（Fig A-2）。インストールが完了して「再起動が必要です」というメッセージが表示されたら、「再起動」ボタンをクリックします。

Fig A-2
「C++によるデスクトップ開発」をインストールする

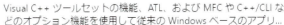

A-2 Visual Studio Community 2017を使ったコンパイル方法

　ここでは、Visual Studioの統合開発環境ではなく、コマンドプロンプトでコマンドラインツール（コマンドラインコンパイラ）を使ってコンパイルを行う方法を説明します。Windowsのスタートメニューから「Visual Studio 2017」フォルダをクリックして、その中にある「開発者コマンドプロンプト for VS 2017」を起動します。タイトルバーに「開発者コマンドプロンプト for VS 2017」と示されたコマンドプロンプトが表示されるので、この中でプログラムのコンパイルと実行を行います。

　まず、プログラムのファイルを置くフォルダをカレントディレクトリにします。ここでは、例としてコンピュータのCドライブ直下に「gihyo」というフォルダを作って、そこにファイルを置くことにします。

　Cドライブ直下に「gihyo」フォルダを作成したら、コマンドプロンプトで`cd ¥gihyo`と入力してEnterキーを押します。これで「C:¥gihyo」がカレントディレクトリになります。cdは、「change directory」の意味です。この「gihyo」フォルダにコンパイルしたいプログラムのファイルを移動させます。

　次に、sample.cppというファイル名の単独のファイルをコンパイルするとします。この場合は、コマンドプロンプトで`cl /EHsc sample.cpp`と入力してEnterキーを押します。これによって、sample.exeという実行可能ファイルが生成されます。`/EHsc`は、例外処理に関するオプションです。特別な理由がない限り、このオプションを必ず指定してください（Fig A-3）。コマンドプロンプトで`sample.exe`と入力してEnterキーを押せば、プログラムを実行できます。

293

付録　コンパイラの入手方法、インストール方法、コンパイル方法

Fig A-3
Microsoft C/C++で単独のファイルをコンパイルする

```
C:\gihyo>cl /EHsc sample.cpp
Microsoft(R) C/C++ Optimizing Compiler Version 19.10.25019 for x86
Copyright (C) Microsoft Corporation.  All rights reserved.

sample.cpp
Microsoft (R) Incremental Linker Version 14.10.25019.0
Copyright (C) Microsoft Corporation.  All rights reserved.

/out:sample.exe
sample.obj
```

　main.cppとsub.cppという2つのファイルをコンパイルしてリンクする場合には、コマンドプロンプトで`cl /EHsc main.cpp sub.cpp`と入力してEnterキーを押します。これによって、先頭に指定したソースファイルの名前を使ってmain.exeという実行可能ファイルが生成されます。

A-3　MinGWの入手方法とインストール方法

　Webブラウザで、http://www.mingw.org/にアクセスして、表示されたページの右上にある「Download Installer」をクリックします（Fig A-4）。

Fig A-4
MinGWの「Download Installer」をクリックする

　mingw-get-setup.exeファイルのダウンロードが行われます。ダウンロードが終わったら、そのファイルを実行します。タイトルバーに「MinGW Installation Manager Setup Tool」と示されたウインドウが表示されたら、「Install」ボタンをクリックします（Fig A-5）。「Step 1: Specify Installation Preferences」と表示されたら、デフォルトの設定のままで「Continue」ボタンをクリックします。「Step 2:

A-3 MinGWの入手方法とインストール方法

Download and Set Up MinGW Installation Manager」と表示されたら「Continue」ボタンをクリックします。

Fig A-5
セットアップツールが起動したら「Install」をクリックする

タイトルバーに「MinGW Installation Manager」と示されたウインドウが表示されたら、mingw32-baseとmingw32-gcc-g++にチェックマークを付け、「Installation」メニューから「Apply Changes」を選択します（Fig A-6）。

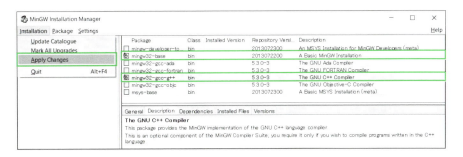

Fig A-6
インストールする項目を選択する

タイトルバーに「Schedule of Pending Actions」と示されたウインドウが表示されたら、「Apply」ボタンをクリックします。タイトルバーに「Applying Scheduled Changes」と示されたウインドウが表示され、ファイルのダウンロードとインストー

295

> 付録　コンパイラの入手方法、インストール方法、コンパイル方法

ルの状況が表示されます。すべてが完了したら「Close」ボタンをクリックします（Fig A-7）。「MinGW Installation Manager」と示されたウインドウに戻ったら、「Installation」メニューから「Quit」を選択して、インストールを完了します。

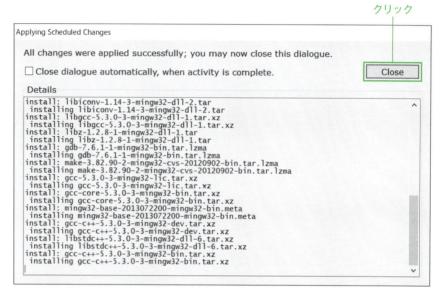

Fig A-7
インストールが完了したら「Close」をクリックする

クリック

　インストールが完了したら、C:¥MinGW¥binにパスを通します。Windowsのコントロールパネルから「システム」を起動します。「システム」と示されたウインドウが表示されたら、左側にある「システムの詳細設定」をクリックします。「システムのプロパティ」と示されたウインドウが表示されたら、「詳細設定」タブをクリックし、「環境変数」ボタンをクリックします。「環境変数」と示されたウインドウが表示されたら、「システム環境変数」の一覧にある「Path」をクリックして選択し、「編集」ボタンをクリックします（Fig A-8）。

　「環境変数名の編集」と示されたウインドウが表示されたら、「新規」ボタンをクリックし、一覧の中に用意された入力領域に「C:¥MinGW¥bin」と入力して「OK」ボタンをクリックします（Fig A-9）。「環境変数」と示されたウインドウに戻ったら「OK」ボタンをクリックし、「システムのプロパティ」と示されたウインドウに戻ったら「OK」ボタンをクリックします。これで、C:¥MinGW¥binにパスを通す作業は完了です。

A-3　MinGWの入手方法とインストール方法

Fig A-8
システム環境変数の Path を選択して「編集」ボタンをクリックする

クリック

Fig A-9
「新規」ボタンをクリックし「C:¥MinGW¥bin」と入力して「OK」ボタンをクリックする

入力　　　クリック

297

付録 コンパイラの入手方法、インストール方法、コンパイル方法

A-4 MinGWを使ったコンパイル方法

　Windowsのコマンドプロンプトを起動し、その中でプログラムのコンパイルと実行を行います。コマンドプロンプトは、たとえばWindows 10なら、スタートメニューから「Windows システムツール」をクリックすれば表示されます（Fig A-10）。

Fig A-10
スタートメニュー
→Windows システム
ツール→コマンドプロンプト

　コマンドプロンプトを起動したら、まず、プログラムのファイルを置くフォルダをカレントディレクトリにします。ここでは、例としてコンピュータのCドライブ直下に「gihyo」というフォルダを作って、そこにファイルを置くことにします。

　Cドライブ直下に「gihyo」フォルダを作成したら、コマンドプロンプトで`cd ¥gihyo`と入力して Enter キーを押します。これで「C:¥gihyo」がカレントディレクトリになります。cdは、「change directory」の意味です。この「gihyo」フォルダにコンパイルしたいプログラムのファイルを移動させます。

　次に、sample.cppというファイル名の単独のファイルをコンパイルするとしま

A-4 MinGWを使ったコンパイル方法

す。この場合は、コマンドプロンプトで`g++ -o sample.exe sample.cpp`と入力して Enter キーを押します（Fig A–11）。コマンドプロンプトで`sample.exe`と入力して Enter キーを押せば、プログラムを実行できます。

Fig A-11
MinGWで
単独のファイルを
コンパイルする

```
C:¥gihyo>g++ -o sample.exe sample.cpp
Info: resolving std::cout  by linking to __imp___ZSt4cout (auto-import)
c:/program files (x86)/haskell platform/2013.2.0.0/mingw/bin/../lib/
gcc/mingw32/4.5.2/../../../../mingw32/bin/ld.exe: warning: auto-
importing has been activated without --enable-auto-import specified
on the command line.
This should work unless it involves constant data structures
referencing symbols from auto-imported DLLs.
```

`-o`は、実行可能ファイルの名前を指定するオプションです。`-o sample.exe`という指定によって、実行可能ファイルの名前がsample.exeになります。このオプションを指定しないと、実行可能ファイルの名前は、デフォルトのa.exeになります。

main.cppとsub.cppという2つのファイルをコンパイルしてリンクする場合は、コマンドプロンプトで`g++ -o main.exe main.cpp sub.cpp`と入力して Enter キーを押します。これによって、main.exeという実行可能ファイルが生成されます。

付録

確認問題の解答

第1章

Q1	(1)	カ	(2)	ウ	(3)	キ	(4)	イ	(5)	ク

Q2	(1)	struct Employee
	(2)	struct Employee *p
	(3)	->

第2章

Q1	(1)	オ	(2)	カ	(3)	イ	(4)	キ	(5)	ウ

Q2	(1)	user
	(2)	computer
	(3)	judge

第3章

Q1	(1)	カ	(2)	オ	(3)	イ	(4)	ク	(5)	エ

Q2	(1)	void Employee::showData()
	(2)	Employee tanaka
	(3)	tanaka.showData()

第4章

Q1	(1)	エ	(2)	キ	(3)	ア	(4)	オ	(5)	イ

Q2	(1)	private
	(2)	public
	(3)	page

第5章

Q1	(1)	オ	(2)	イ	(3)	ウ	(4)	カ	(5)	ク

Q2	(1)	Salesman
	(2)	Employee
	(3)	Employee(nu, na, sa)

第6章

Q1	(1)	ク	(2)	キ	(3)	ウ	(4)	ア	(5)	オ

Q2	(1)	MyClass
	(2)	virtual
	(3)	= 0

第7章

Q1	(1)	オ	(2)	ク	(3)	ウ	(4)	エ	(5)	カ

Q2	(1)	static
	(2)	static
	(3)	char *Employee

確認問題の解答／おわりに／謝辞

第8章										
Q1	(1)	オ	(2)	イ	(3)	ク	(4)	エ	(5)	カ
Q2	(1)	new								
	(2)	delete								
	(3)	CellPhone								

第9章										
Q1	(1)	ク	(2)	カ	(3)	キ	(4)	ア	(5)	オ
Q2	(1)	const Employee &obj								
	(2)	new								
	(3)	friend								

第10章										
Q1	(1)	オ	(2)	カ	(3)	ク	(4)	ウ	(5)	キ
Q2	(1)	Employee								
	(2)	this->								
	(3)	*this								

おわりに

　皆さん、お疲れ様でした。本書ではじめてC++とオブジェクト指向プログラミングに触れた人は、想像していたほど難しいものでなかったと感じたでしょう。かつてC++に挑戦して挫折した経験のある人は、これまでわからなかったことが一気に理解できたでしょう。

　プログラミングは学問ではありません。知識だけがあっても、実践できなければ意味がありません。皆さんには、C++を使ってオブジェクト指向プログラミングを実践するプログラムを、どんどん作ってほしいと思います。そうすることがプログラミング上達の唯一の方法だからです。楽しみながらプログラミングを続けてください！

謝 辞

　本書の作成にあたり企画の段階からお世話になりました株式会社技術評論社の三橋太一様とスタッフの皆様、若かりしころの筆者にプログラミングを指導してくださった先輩諸兄の皆様、そして何より本書をご購読いただきました読者の皆様に、この場をお借りして厚く御礼申し上げます。

索引 Index

記号

=	20, 22, 234, 254, 256, 260
&	20, 29, 33, 85, 87, 230, 256, 260
::	62, 149, 255, 272
->	30, 34, 85, 198, 231, 248, 249, 261, 265
.	20, 30, 65, 85, 231, 255
+	20, 254, 255, 260, 261, 268
-	20, 255, 261
==	255, 264
>	254, 255, 264
?	255
.*	255
*	29, 255, 257, 260
~	109
/EHsc	293
-o	299

アルファベット順

cd	293
class	52, 60, 65
const	230
delete演算子	110, 196, 198, 200, 205, 206, 220, 225
DFD (Data Flow Diagram)	43
false	264
friend	240, 243
GoFデザインパターン	114
has-a関連	207
is-a関連	207
main関数	19, 34, 44, 62, 69, 88, 104, 111, 117, 133, 134, 149, 160, 165, 173, 178, 188, 201, 222, 224, 228, 287
MinGW	294, 298
new演算子	110, 196, 198, 204, 205, 206, 220, 225, 235
OCP (Open Closed Priciple)	142
OOP (Object Oriented Programming)	40
operator	256, 259
private	93, 94, 95, 96, 98, 119, 121, 123, 124, 152, 240, 244, 245
protected	93, 94, 95, 119, 121, 123, 124, 152, 240, 245, 288
public	60, 92, 93, 95, 96, 102, 103, 109, 119, 120, 121, 123, 124, 240, 244, 245
static	35, 87, 179, 186, 187, 203, 206
stringクラス	251
struct	14, 18, 60, 65
template	272
thisポインタ	248, 249, 257, 268
true	264
UML (Unified Modeling Language)	45, 49, 58, 67, 95, 128, 208
virtual	147, 155, 170
Visual Studio	120, 236, 241, 245, 260, 293
Visual Studio Community 2017	292, 293

ア行

アクセス指定子	60, 92, 94, 103, 119, 124, 240, 244
アクティビティ図	58
アドレス	20, 29, 33, 85, 197, 200, 225, 256
アロー演算子	30, 34, 35, 85, 198, 231
一括コピー	22
イニシャライザ（初期化子）	137, 214, 217
インクルード	62, 63, 68, 188, 290
インスタンス	66
インデックス	25
インライン関数	64, 70, 79, 104
演算子のオーバーロード	254, 256, 259, 267, 270
お絵かきプログラム	162, 165, 194
オーバーライド	144, 146, 147, 148, 152, 155, 161, 165
オーバーライドによる多態性	151, 153, 159, 160, 161, 162, 165, 166, 168, 275, 279
オーバーロード	74, 76, 79, 107, 136, 147, 176, 239, 254
オブジェクト	45, 48, 50, 52, 66, 86, 95, 97, 103, 109, 116, 119, 120, 123, 126, 145, 149, 158, 161, 166, 168, 172, 175, 182, 185, 189, 196, 209, 220, 230, 234, 254, 255, 261, 273
オブジェクト指向型プログラミング言語	40, 44
オブジェクト指向設計	126, 127, 129, 151
オブジェクト指向プログラミング	40, 44, 46, 48, 50, 54, 66, 73, 90, 96, 102, 105, 109, 114, 123, 126, 146, 217, 244, 270, 280
オブジェクト指向プログラミングの三本柱	73, 74, 96, 151
オブジェクト図	58, 67
オブジェクトの実体	222, 228, 230, 257, 262
オブジェクトの配列	83
オブジェクトのポインタ	83, 85, 86, 160, 165, 166, 222, 228, 240, 244, 248, 262, 279
親クラス	118

カ行

仮想関数	147, 148, 153, 155, 165
仮想基本クラス	170
カプセル化 (encapsulation)	73, 96, 98, 102, 151
関数	16, 33, 43, 45, 52, 60, 62, 75
基底クラス	118
基本クラス	118, 121, 124, 129, 134, 137, 144, 148, 151, 154, 160, 161, 164, 168, 170, 194, 207, 287
基本クラスのコンストラクタ	134, 136, 140
基本クラスのデストラクタ	134, 136
クラス	52, 60, 65, 67, 70, 72, 74, 76, 79, 83, 92, 96, 100, 103, 116, 120, 123, 126, 146, 151, 158, 172, 188, 194, 209, 240, 254, 259, 271
クラス図	58, 67, 95, 128, 208
クラスのインスタンス	66
クラスの前方参照	244
クラスの定義	60, 62, 63, 64, 68, 71, 72, 75, 93, 133, 151, 187, 190
クラスのメンバ	53, 60, 66, 73, 83, 92, 117, 127, 194, 207
クラス名	52, 60, 62, 65, 67, 68, 70, 95, 103, 109, 149, 187, 188
グローバルオブジェクト	175, 178, 180, 182, 200, 203, 204, 206, 209
グローバル変数	172, 174, 187, 190, 194, 198, 200, 203, 204
継承 (inheritance)	73, 95, 116, 119, 120, 123, 124, 126, 129, 131, 134, 142, 144, 151, 154, 158, 160, 194, 207, 208, 213, 243, 283
構造体	14, 18, 24, 38, 53, 60, 83
構造体の配列	24, 26, 83
構造体のポインタ	29, 30, 33, 35, 38, 85
構造体名	15
構造に関するパターン	114
コード領域	203
子クラス	118
コピーコンストラクタ	230, 231, 236, 257

索引

コマンドプロンプト 293, 294, 298, 299
コマンドラインツール（コマンドラインコンパイラ） 120, 236, 241, 245, 260, 293
ゴミデータ 104, 174, 225, 227, 228
コメントアウト 243, 245
コロン 62, 117, 124, 136, 149
コンストラクタ（構築子） 103, 106, 109, 110, 134, 176, 178, 190, 194, 197, 199, 201, 211, 213, 215, 222, 224, 235, 248, 272
コンストラクタのオーバーロード 106
コンパイラ 33, 62, 64, 72, 75, 77, 94, 103, 244, 245, 248, 256
コンパイルエラー 68, 70, 72, 122, 166, 241, 243, 249, 260
コンポーネント指向 74
コンポーネント図 58

サ行

サブクラス 118
参照 231, 256, 261
三目並べゲーム 281, 283
シーケンス図 45, 58
自己参照構造体 38
じゃんけんゲーム 41, 52, 53, 275
集約 207, 208, 213
純粋仮想関数 165, 279, 287
所有者 45, 48, 62, 187, 194, 247, 275
処理 16, 43, 45, 73, 74, 77, 79, 152, 161, 165, 172, 206, 287
スーパークラス 118
スコープ 172, 175, 179
スコープ解決演算子 62, 149, 255
スタック領域 203, 204, 205
生成に関するパターン 114
静的オブジェクト 179, 180, 203, 204, 206, 209
静的変数 179, 203, 204
静的メンバ変数 186, 187, 188, 189, 192, 194
セミコロン 15, 60
ソースファイル 62, 68, 71, 77, 155, 188, 294

タ行

代入演算子 234, 239, 255, 260
多重継承 170
多重定義 75, 147

多態性（polymorphism） 73, 78, 90, 151
ダブルディスパッチ 275, 276, 279
単一継承 170
抽象クラス 166
データ 14, 43, 45, 52, 73, 74, 230
データ領域 203, 204
デストラクタ（消滅子） 106, 109, 110, 134, 176, 178, 180, 201, 211, 213, 222, 224, 235, 255
手続き 43
手続き型プログラミング 41, 43, 46, 47, 54
手続き型プログラミング言語 41, 45
デプロイメント図 58
テンプレートクラス 271, 275
統一モデリング言語 45, 58
動的オブジェクト 197, 199, 200, 206, 209, 220
ドット 20, 30, 65, 85, 231, 255

ハ行

配列 15, 24, 160, 161, 165, 192, 194, 225, 228, 235, 251
パス 296
派生クラス 118, 121, 124, 134, 137, 144, 148, 151, 154, 160, 161, 164, 168, 170, 194, 207, 243, 288
派生クラスのコンストラクタ 136, 140, 213
派生クラスのデストラクタ 136, 213
汎化 128, 129, 131, 153, 164, 207, 287
汎用クラス 271
ヒープ領域 203, 204
比較演算子のオーバーロード 264
引数 33, 43, 62, 75, 80, 86, 99, 106, 136, 147, 158, 179, 197, 205, 214, 215, 222, 230, 244, 261, 267, 271
標準クラスライブラリ 251
部品 49, 51, 63, 74, 90, 96, 100, 142, 151, 251, 280
ブラックボックス化 100
振る舞いに関するパターン 114
フレンド関数 240, 241, 244, 245, 267
ブロック 14, 18, 24, 52, 60, 64, 92
プロトタイプ 33, 69, 72, 147, 240
ベースクラス 118
ヘッダーファイル 62, 68, 120, 155, 188, 290
変数 16, 18, 25, 45, 52, 60, 65, 83
ポインタ 29, 33, 35, 38, 159, 160, 192, 197, 200, 225, 227, 231, 235, 255, 279

マ行

命令 16, 52, 204
メッセージ 73, 77, 152, 161, 276, 279
メッセージパッシング（message passing） 45, 97, 99, 151, 275, 280
メモリリーク 198, 220, 236
メンバ 15, 18, 22, 26, 30, 35, 52, 60, 67, 73, 85, 92, 96, 117, 118, 153, 160, 224, 273
メンバイニシャライザ 214, 215
メンバオブジェクト 207, 208, 209, 211, 214
メンバ関数 52, 61, 62, 64, 65, 68, 72, 75, 79, 81, 87, 92, 96, 99, 103, 105, 119, 121, 144, 146, 147, 152, 164, 166, 208, 240, 248, 256, 259, 271
メンバ関数の実装 62, 68, 71, 72, 75, 77, 80, 93, 99, 155, 256
メンバ関数のプロトタイプ 62, 153, 256, 261, 265
メンバ変数 52, 60, 65, 69, 83, 92, 96, 99, 105, 119, 121, 127, 129, 152, 184, 189, 208, 222, 225, 227, 230, 234, 244, 247, 248, 254, 268, 271
モデリング（modeling） 49, 73, 79, 90, 97, 106, 151
戻り値 35, 43, 62, 77, 103, 147, 222, 256, 261

ヤ行・ラ行

ユースケース図 58
乱数 41, 45, 282, 288
リスト構造 38
リンク 63, 69, 188, 294
レコード型 24
ローカルオブジェクト 175, 178, 182, 199, 200, 205, 206, 209, 217, 222
ローカル変数 35, 110, 172, 174, 179, 198, 205

303

■著者紹介

矢沢 久雄（やざわ・ひさお）

1961年栃木県足利市生まれ。
（株）ヤザワ代表取締役社長、グレープシティ（株）アドバイザリースタッフ。
大手電気メーカーでパソコンの製造、ソフトハウスでさまざまなシステムの開発に従事し、現在は独立してデータ解析アプリケーションの開発に従事している。本業のかたわら、書籍や雑誌記事の執筆活動、IT企業や学校における講演活動も精力的に行っている。お客様の満足を何よりも大切にする自称ソフトウェア芸人。
主な著書に、『C言語プログラミングなるほど実験室』（技術評論社）、『プログラムはなぜ動くのか 第2版』（日経BP社）、『情報処理教科書 出るとこだけ！基本情報技術者 テキスト＆問題集』（翔泳社）などがある。

● 装丁　　　　　　　　　　　石間 淳
● カバーイラスト　　　　　　花山由理
● 本文デザイン／レイアウト　BUCH⁺

新・標準プログラマーズライブラリ
C++ クラスと継承 完全制覇

2017年 12月 21日　初版　第 1 刷発行
2024年　3月 12日　初版　第 7 刷発行

著　者	矢沢 久雄	
発行者	片岡 巌	
発行所	株式会社技術評論社	
	東京都新宿区市谷左内町 21-13	
	電話　03-3513-6150　販売促進部	
	03-3513-6166　書籍編集部	
印刷／製本	昭和情報プロセス株式会社	

定価はカバーに表示してあります。

本書の一部または全部を著作権法の定める範囲を超え、無断で複写、複製、転載、テープ化、ファイルに落とすことを禁じます。

ⓒ 2017　Hisao Yazawa

> 造本には細心の注意を払っておりますが、万一、乱丁（ページの乱れ）や落丁（ページの抜け）がございましたら、小社販売促進部までお送りください。送料小社負担にてお取り替えいたします。

ISBN978-4-7741-9382-3 C3055

Printed in Japan

本書の運用は、ご自身の判断でなさるようお願いいたします。本書の情報に基づいて被ったいかなる損害についても、筆者および技術評論社は一切の責任を負いません。
本書の内容に関するご質問は封書もしくはFAXでお願いいたします。弊社のウェブサイト上にも質問用のフォームを用意しております。
ご質問は本書の内容に関するものに限らせていただきます。本書の内容を超えるご質問やプログラムの作成方法についてはお答えすることができません。あらかじめご了承ください。

〒 162-0846
東京都新宿区市谷左内町 21-13
（株）技術評論社　書籍編集部
『新・標準プログラマーズライブラリ
C++ クラスと継承 完全制覇』質問係
FAX　03-3513-6183
Web　https://gihyo.jp/book/2017/
　　　978-4-7741-9382-3